中等职业教育改革创新教材

图形图像处理综合实训

主　编　黎军　韦杏

副主编　宁洁琪　孙雨慧　卢冰玲

参　编　韦贤俊　范文阳　杨萍

　　　　秦红梅　茹佐聪

机械工业出版社

本书主要介绍图像处理软件 Photoshop 的基本操作与应用技巧。全书共有 10 个项目，通过具体的实例详细讲解了如何设计标志与字体、处理数码照片、制作特效纹理、制作创意背景、设计卡片、设计包装、设计书籍装帧、设计封面海报、设计 DM/POP 广告以及设计网页。每个项目以工作任务驱动，让读者在完成实际案例的过程中学习 Photoshop 软件设计的知识与技能，力求达到使读者由入门到提高、再到能灵活应用图形图像软件进行图像处理的教学目的。

　　本书既可以作为计算机应用技术专业学生的学习参考书，也可以作为信息类专业、设计艺术专业及其他相关专业教师的教学用书。

　　本书配有电子课件，选用本书作为教材的教师可以从机械工业出版社教材服务网（www.cmpedu.com）免费注册下载或联系编辑（010-88379194）咨询。

图书在版编目（CIP）数据

图形图像处理综合实训/黎军，韦杏主编. —北京：机械工业出版社，2015.9（2024.1 重印）

中等职业教育改革创新教材

ISBN 978-7-111-51939-3

Ⅰ. ①图… Ⅱ. ①黎… ②韦… Ⅲ. ①图象处理软件—中等专业学校—教材 Ⅳ. ①TP391.41

中国版本图书馆 CIP 数据核字(2015)第 250666 号

机械工业出版社（北京市百万庄大街 22 号　邮政编码 100037）

策划编辑：梁　伟　　　　　责任编辑：李绍坤　陈瑞文
封面设计：陈　沛　　　　　责任校对：李　丹
责任印制：邓　博

北京盛通数码印刷有限公司印刷

2024 年 1 月第 1 版第 7 次印刷

184mm×260mm · 12 印张 · 264 千字

标准书号：ISBN 978-7-111-51939-3

定价：32.00 元

电话服务		网络服务		
客服电话：010-88361066		机 工 官 网：www.cmpbook.com		
010-88379833		机 工 官 博：weibo.com/cmp1952		
010-68326294		金 书 网：www.golden-book.com		
封底无防伪标均为盗版		机工教育服务网：www.cmpedu.com		

前　言

　　Photoshop 是一款功能强大的图形图像处理软件，被广泛应用于平面广告设计、包装设计、装帧设计和效果图后期处理等领域。

　　本书旨在为职业院校及相关专业学生提供简明易懂、便于实训的专业用书。本书以推进职业活动为导向，以校企合作为基础，以综合职业能力培养为核心，理论与实践相结合，使学生能够灵活掌握图形图像处理的基本操作、方法和技巧，为学生顺利毕业打下良好的基础。

　　笔者对本书的编写做了精心的设计，以工作任务驱动，涉及如何设计标志与字体、处理数码照片、制作特效纹理、制作创意背景、设计卡片、设计包装、设计书籍装帧、设计封面海报、设计 DM/POP 广告和设计网页十大类的知识，由浅入深、循序渐进地让读者掌握不同领域图形图像的设计技巧和制作方法。

　　本书将理论和实践有机地结合起来，力求知识和技能在学习过程中的循序渐进性，在具体的任务实践中让学生掌握实际操作技能，同时也能让学生充分感受创作的乐趣，在实战中创作个性化的作品。本书的参考学时为 70 学时，各项目的具体参考学时可以参见下面的学时分配表。

项目	课程内容	学时分配
项目 1	设计标志与字体	4 学时
项目 2	处理数码照片	6 学时
项目 3	制作特效纹理	8 学时
项目 4	制作创意背景	8 学时
项目 5	设计卡片	8 学时
项目 6	设计包装	6 学时
项目 7	设计书籍装帧	8 学时
项目 8	设计封面海报	8 学时
项目 9	设计 DM/POP 广告	8 学时
项目 10	设计网页	6 学时
课时总计		70 学时

本书由黎军、韦杏任主编，宁洁琪、孙雨慧、卢冰玲任副主编。参与编写的还有韦贤俊、范文阳、杨萍、秦红梅和茹佐聪。在本书编写过程中得到了学校领导及同事们的大力支持，在此表示衷心的感谢。

由于编者水平有限，书中难免存在不足之处，恳请广大读者批评指正。

编　者

目　录

项目 1　设计标志与字体

标志设计不只是一个图形或文字的组合，它是依据企业的构成结构、行业类别、经营理念，并充分考虑标志接触的对象和应用环境，为企业制定的标准视觉符号。

本项目将围绕设计柠檬饮品标志、为图片添加文字、制作立体字等案例，详细讲解常用标志与文字的制作方法与技巧。希望读者掌握其中要点并灵活运用，以便制作更具特色的图像效果。

 任务 1　设计柠檬饮品标志

1. 任务背景

标志是具有识别和传达信息作用的象征性视觉符号，它以深刻的理念、优美的形象和完整的构图给人们留下深刻的印象，从而达到传递某种信息、识别某种形象的目的。

柠檬是世界上最有药用价值的水果之一，它不仅可供食用，而且还可以入药。用柠檬制成的饮品可以生津解暑、开胃醒脾，其清新酸爽的味道深受人们喜爱。夏天到来之际，某饮品店主推柠檬饮品，特委托我们为该饮品店设计一个标志。

2. 跟我做——设计柠檬饮品标志

柠檬外形甜美，色泽清新，让人眼前一亮。在设计中应保留柠檬的特点，再加上艳丽的色彩，便可让人过目不忘。在此标志的设计过程中，需要使用的工具主要有渐变工具、椭圆工具、自定形状工具和文字工具，最终效果如图 1-1 所示。

➤ 效果图文件：项目 1/任务 4/效果图/柠檬饮品标志效果图.psd

1）新建"宽度"为 14 厘米，"高度"为 10 厘米，"分辨率"为 300 像素/英寸，"颜色模式"为 RGB 颜色，"背景内容"为白色，设置"名称"为"柠檬饮品标志"的图像文件，图 1-2 所示。

Lemon drinks

A shop specializing in lemon drinks

图 1-1

2）新建"图层 1"，激活"渐变工具" ▣，设置黄色（R：251、G：252、B：146）到橘红色（R：217、G：92、B：37）的渐变效果，并设置渐变色色标位置，如图 1-3 所示。

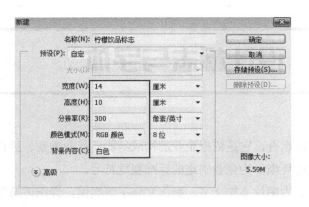

图 1-2

图 1-3

小贴士：

　　"渐变工具"是常用的调色工具之一，常用于背景的制作和颜色的调整。属性栏上有"线性渐变" ■按钮和"径向渐变" ■按钮等不同的渐变类型按钮，可以根据需要绘制不同的渐变色。

　　3）选择"椭圆工具" ◯，按住<Shift>键绘制正圆形，按<Ctrl+Enter>组合键转换路径为选区，然后按<Ctrl+D>组合键取消选区，如图 1-4 所示。

　　4）选择工具箱中的"自定形状工具" ☆，单击属性栏上的"自定形状拾色器"按钮ˇ，在打开的面板中单击右上方的"弹出菜单"按钮☼，选择"全部"命令，返回"自定义形状"面板，选择"形状"为"花 4" ✳，如图 1-5 所示。

图 1-4

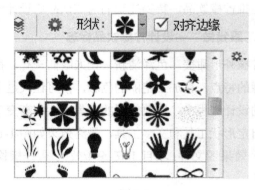

图 1-5

　　5）新建"图层 2"，设置"前景色"为白色（R：255、G：255、B：255），在正圆内部绘制"花 4"形状，如图 1-6 所示。

　　6）按<Ctrl+Enter>组合键转换路径为选区，如图 1-7 所示。

　　7）按<Ctrl+D>组合键取消选区，如图 1-8 所示。

　　8）选择工具箱中的"横排文字工具" T，设置属性栏上的"字体"为 Cambria Math，"大小"为 18 点和 14 点，颜色为黑色（R：0、G：0、B：0），在窗口中输入文字并按<Ctrl+Enter>

组合键确定，此时图形效果制作完毕，如图 1-9 所示。

图 1-6   图 1-7

Lemon drinks

A shop specializing in lemon drinks

图 1-8   图 1-9

任务 2 为图片添加文字

1. 任务背景

生活中有很多图片，有时为了更好地表达人们的情感，需要在图片中添加文字。在 Photoshop 中能很方便地加入各种字体、各种颜色的文字。在图片中添加适当的文字来表达情感，从而达到传递某种信息的目的。本任务中，示例图片中的人物正在弹钢琴，演奏一首动听的《献给爱丽丝》，加上文字可以让图片的主题更加明确。

2. 跟我做——为图片添加文字

在图中添加文字，文字要醒目，切记过小。本任务在实施过程中，所使用的工具主要是文字工具，最终效果如图 1-10 所示。

➢ 素材文件：项目 1/任务 2/素材

➢ 效果图文件：项目 1/任务 2/效果图/献给爱丽丝效果图.psd

1）启动 Photoshop，执行"文件"→"打开"命令，打开素材文件项目 1/任务 2/献给爱丽丝背景，如图 1-11 所示。

2）在工具栏上选择"文字工具" T，颜色为红色（R：251、G：0、B：0），在属性栏中设

3

置"字体"为宋体,"大小"为48点。在窗口中输入"献给爱丽丝",效果如图1-12所示。

图 1-10

图 1-11   图 1-12

3)拖动鼠标选中"爱丽丝"3个字,设置属性栏中的"字体"为方正彩云简体,"大小"为72点,效果如图1-13所示。

4)"方正彩云简体"属于空心字体,可以使用油漆桶工具将空心的区域填充为其他的颜色。但现在填充会操作失败,必须先将文字图层"栅格化"。在"图层"面板的文字图层栏上单击鼠标右键,在弹出的快捷菜单中选择"栅格化文字"选项,如图1-14所示。

图 1-13

图 1-14

4

小贴士：

　　"栅格化文字"命令，在"图层"面板的文字栏上单击鼠标右键即可出现该命令。使用该命令后，矢量的文字图形就会变成位图图像。文字输入后是"字体"不是"图像"，字体属于"矢量"的图形。所谓矢量的图形，就是描述线条的位置、曲度、色彩渐变等，这样的图形无论放大多少倍都是清晰的。在 Photoshop 中，大多数命令都是针对"位图"图像的，位图是描述一列列的像素色彩而形成的图形，文字图层"栅格化"后才形成一列列的像素。所以，如果要用更多的命令处理文字，则需要先将文字图层"栅格化"。

　　5）设置"前景色"为绿色（R：12、G：251、B：0），在工具栏中选择"油漆桶工具" 🪣，在文字的空心区域内单击鼠标，将它填充为绿色，效果如图 1-15 所示。

　　6）单击在"图层"面板右上角的面板菜单按钮，选择"拼合图层"选项，如图 1-16 所示，这样就完成了为图片输入文字的操作。

图 1-15　　　　　　　　　　　　　　　　　图 1-16

任务 3　制作立体字

1. 任务背景

　　图片中的文字，有时不是单纯地加入即可，还要考虑是否美观。在 Photoshop 中不仅能很方便地加入各种字体、各种颜色的文字，而且还能根据需要自行设计漂亮的字体。本任务是给一副春意盎然的图片，加上立体的文字，让图片的主题更加明确。

2. 跟我做——立体字制作

　　在图中添加立体文字，本任务在实施过程中，主要应用文字工具和图层样式，效果如图 1-17 所示。

➤ 素材文件：项目 1/任务 3/素材

➤ 效果图文件：项目 1/任务 3/效果图/立体字效果图.psd

　　1）启动 Photoshop，执行"文件"→"打开"命令，打开素材文件项目 1/任务 3/立体字背景图，如图 1-18 所示。

5

图 1-17   图 1-18

2）在工具栏上选择"文字工具" T，颜色为白色（R：255、G：255、B：255），设置属性栏中的"字体"为 Impact，"大小"为 72 点。在窗口中输入"SPRING"，效果如图 1-19 所示。

图 1-19

3）按<Ctrl>键的同时单击"SPRING"图层的图层缩览图，载入图像选区。执行"选择"→"修改"→"平滑"命令，打开"平滑选区"对话框，输入"取样半径"为 3 像素，如图 1-20 所示。

图 1-20

4）在"图层"面板中新建"图层2"，设置前景色为白色（R：255、G：255、B：255），按<Alt+Delete>组合键使用前景色填充选区，然后将"SPRING"图层隐藏并取消选区，如图1-21所示。

图1-21

5）单击面板底部的"添加图层样式"按钮 fx.，从弹出的菜单中依次勾选"颜色叠加""光泽""内发光"和"斜面和浮雕"复选框，参照图1-22～图1-25所示设置对话框。

6）单击"确定"按钮关闭对话框，为图像添加图层样式效果，如图1-26所示。

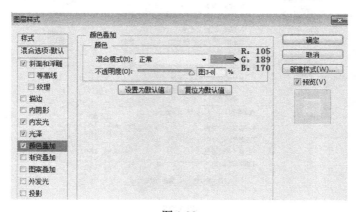

图1-22

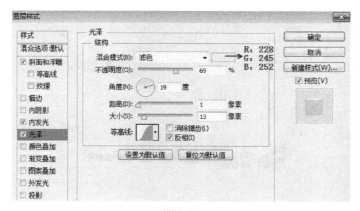

图1-23

7

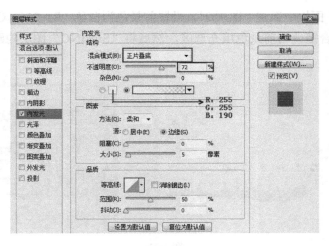

图 1-24

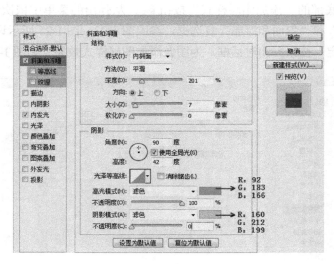

图 1-25

图 1-26

任务 4　制作铁锈字

1. 任务背景

在设计字体时加入一些特效，会使文字更加生动美观。

2. 自己动手——制作铁锈字

在图中为文字添加一些特效，本任务在实施过程中，主要应用文字工具、图层样式和滤镜，最终效果如图 1-27 所示。

MOTTLED

图 1-27

➢ 效果图文件：项目 1/任务 4/效果图/铁锈字效果图.psd

操作提示如下：

1）新建文件，输入文字并添加图层样式，制作立体文字特效。

2）新建图层，恢复默认前景色和背景色，执行"云彩""添加杂色"和"动感模糊"等滤镜命令，制作金属拉丝效果，并添加剪贴蒙版。

3）新建图层，制作橘红色与黄色的云彩效果，添加"杂色"滤镜并调整尺寸为 5 像素，然后创建剪切蒙版。

4）选择"橡皮擦工具"，选择喷溅画笔，擦除斑斓铁锈图形并添加图层样式，制作立体铁锈质感。

5）输入文字，铁锈字制作完成。

项目 2　处理数码照片

随着生活水平的不断提高，人们对照片、图片的要求也越来越高，制作的花样也在不断变化。在图片特效处理中，为图片添加效果是对图片进行处理的最基本手段。

本项目将通过处理人物照片、处理"丰盛的晚餐"照片、傍晚风景照片和乌云密布风景照片等实例，为读者详细讲解为图形添加特效的基本方法与技巧，从而制作出满意的效果。

任务 1　处理人物照片

1. 任务背景

杂志封面上的明星们各个肌如凝脂、青春无敌、光鲜亮丽，似乎他们身上从来没有瑕疵，找不出一点皮肤问题。其实，大家看到的图片都是被精心处理过的，都是修图软件的功劳呢！

2. 跟我做——祛斑美肤

本任务中的示例图片，在美化过程中，重点是为人物脸部祛斑、去皱纹，所使用的工具主要是污点修复画笔工具、修复画笔工具、修补工具和仿制图章工具。为图片人物祛斑美肤后的效果如图 2-1 所示。

图 2-1

➢ 素材文件：项目 2/任务 1/素材

➢ 效果图文件：项目 2/任务 1/效果图/祛斑美肤效果图.psd

1）启动 Photoshop，执行"文件"→"打开"命令，打开素材文件项目 2/任务 1/祛斑美肤，如图 2-2 所示。

2）按<Ctrl+J>组合键，复制背景图层为"图层 1"，如图 2-3 所示。

图 2-2　　　　　　　　　　　　　　　　图 2-3

3）选择"污点修复画笔工具" ，然后在图形中的人物脖子处，单击痣，如图 2-4 所示。

4）单击后，痣消失，效果如图 2-5 所示。

图 2-4　　　　　　　　　　　　　　　　图 2-5

小贴士：

　　"污点修复画笔工具" 可以自动从修复区域周围的像素中取样，并将像素的纹理、光照、透明度和阴影与所修复的像素相匹配，从而快速去除图像中的污点和杂点。单击工具箱中的"污点修补画笔工具"，在图像中需要修复的位置处单击，即可自动去除污点。

　　5）图片人物脖子处有皱纹，去除脖子的皱纹，选择"修复画笔工具" ，按住<Alt>键并在图像中光滑皮肤处单击取样，如图 2-6 所示。

　　6）在图像脖子处有皱纹的位置单击并涂抹，通过涂抹修复图像，如图 2-7 所示。

　　7）继续使用"修复画笔工具" 去除脖子处的皱纹，如图 2-8 所示。

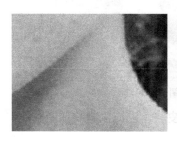　　　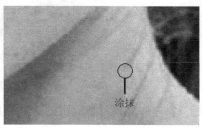　　　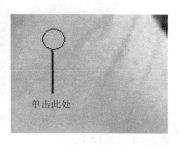

图 2-6　　　　　　　　　图 2-7　　　　　　　　　图 2-8

11

小贴士：

"修复画笔工具" 可以校正图像中的瑕疵，即通过图像或图案中的样本像素来绘图。在修复图像前，需要设置源，按住<Alt>键并在图像中单击可以取样像素，也可以设置图案为取样源，设置源后，在图像上单击或涂抹，即可修复图像。

8）去除左下角的文字—"昵图网"。选择"修补工具" ，然后在图形中，圈选文字—"昵图网"，如图2-9所示。

9）圈选文字后，把圈选的区域往旁边区域拖动，文字消失，效果如图2-10所示。

10）按<Ctrl+D>组合键，将圈选的光标去掉，如图2-11所示。

图2-9   图2-10   图2-11

小贴士：

"修补工具" 可以用其他区域的像素或图案来修复选中区域中的图像或图案，并将像素的纹理、光照、透明度和阴影与所修复的像素相匹配，使用"修补工具"之前需要在图形中创建一个选区，然后通过拖动选区来修补图像。

11）去除眼睛处的皱纹和黑眼圈。选择"仿制图章工具" ，按住<Alt>键，在眼睛周围皮肤光亮处单击取样，如图2-12所示。

12）在眼睛周围有皱纹和黑眼圈的位置单击并涂抹，通过复制光亮皮肤的图像掩盖皱纹和黑眼圈，如图2-13所示。

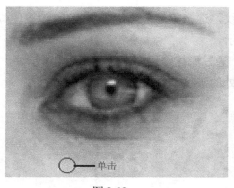 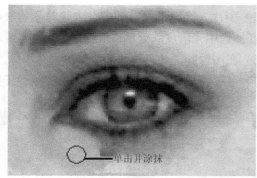

图2-12   图2-13

13）继续使用"仿制图章工具" 复制眼睛周围处的光亮皮肤，以掩盖皱纹和黑眼圈，效果如图2-14所示。

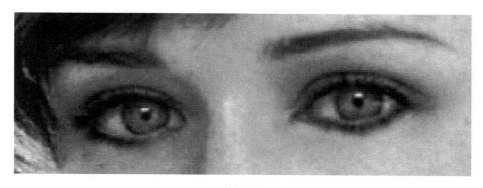

图 2-14

　　14）复制"图层 1"，得到"图层 1 副本"，如图 2-15 所示。

　　15）执行"滤镜"→"模糊"→"高斯模糊"命令，如图 2-16 所示，为图片添加一个"高斯模糊"的效果。

　　16）在"高斯模糊"对话框中设置"半径"为 3 像素，如图 2-17 所示。

图 2-15

　　17）按住<Alt>键，单击图层蒙版按钮，为"图层 1 副本"添加一个黑色的图层蒙版，前景色将自动调节成白色，如图 2-18 所示。

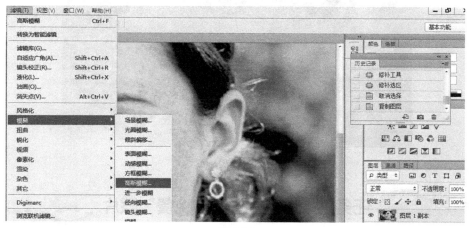

图 2-16

　　18）选择"画笔工具" ✏️，适当调节画笔大小和不透明度，对人物面部有斑的地方进行细致涂抹，如图 2-19 所示。

　　19）最终祛斑美肤效果，如图 2-20 所示。

13

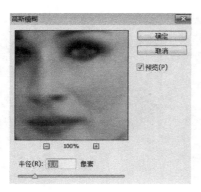

图 2-17

图 2-18

图 2-19

图 2-20

 任务 2　处理 "丰盛的晚餐" 照片

1. 任务背景

照片可以记录生活，但是自从有了 Photoshop，照片也是可以 "造假" 的，下面将学习制作一桌丰盛的晚餐。

14

2. 跟我做——处理"丰盛的晚餐"照片

本任务中的示例图片在合成过程中，主要应用多边形工具、磁性套索工具和魔术棒工具，同时希望读者能掌握利用菜单中的"色彩范围"和"扩大选取"等命令创建选区的方法，最终效果如图 2-21 所示。

图 2-21

➢ 素材文件：项目 2/任务 2/素材

➢ 效果图文件：项目 2/任务 2/效果图/丰盛的晚餐效果图.psd

1）启动 Photoshop，执行"文件"→"打开"命令，打开素材文件项目 2/任务 2/丰盛的晚餐素材/原图 1，如图 2-22 所示。

2）打开素材文件中的"原图 2"文件，如图 2-23 所示。为了方便操作，可以选择工具箱中的放大镜工具，放大图片。

图 2-22　　　　　　　　　　　　　　　图 2-23

3）用鼠标按住套索工具不放，在弹出的工具列表中，选择"多边形套索工具" ♡。然后，利用"多边形套索工具"沿着"原图 2"文件中饮料的边缘进行拖动，创建选区，如图 2-24 所示。

小贴士：

"多边形套索工具"可以在图像中创建不规则形状的多边形选区，如三角形和梯形等，使用此工具也可以沿规则建筑创建选区。单击工具箱中的"套索工具"图标 ♡，在打开的隐藏工具列表中可选择"多边形套索工具" ♡。

4）执行"编辑"→"复制"命令（或按<Ctrl+C>组合键），将选取的范围进行复制，并将"原图2"文件关闭。执行"编辑"→"粘贴"命令（或按<Ctrl+V>组合键），将先前复制的文件进行粘贴。粘贴后，在工具箱中选择"移动工具" ，将粘贴的对象拖至适当的位置，注意杯子底部与桌面之间的距离，结果如图2-25所示。

图2-24 图2-25

5）此时可以发现，粘贴的饮料过大了，为了解决这个问题，执行"编辑"→"自由变换"命令（或按<Ctrl+T>组合键），如图2-26所示。然后按住<Shift>键将鼠标放置到任何一个角点，等比例缩放图片到适当的大小，最后按<Enter>键确认，结果如图2-27所示。

图2-26 图2-27

6）执行"文件"→"打开"命令，打开素材文件项目2/任务2/丰盛的晚餐素材/原图3，如图2-28所示。

7）选择工具箱中的"魔术棒工具" ，设置容差为5，用"魔术棒工具"单击背景部分，得到选区，如图2-29所示，执行"选择"→"反向"命令，最终建立杯子选区，如图2-30所示。

图2-28 图2-29 图2-30

16

小贴士：

"魔术棒工具" ![魔术棒图标] 是依靠颜色来创建选区的，当在图像或某个单独的层上单击某个点时，附近与它颜色相同或相近的点，都会自动融入到选择区域中，选区的范围取决于容差值的大小，容差值越大，选区就越大。

8）执行"编辑"→"复制"命令，将选区进行复制，然后将"原图 3"文件关闭。接着执行"编辑"→"粘贴"命令，将复制的图像进行粘贴，并使用"移动工具" ![移动图标]，将粘贴的对象拖至适当的位置，再执行"编辑"→"自由变换"命令（或按<Ctrl+T>组合键），将其缩放到合适大小，注意杯子底部与桌面之间的距离，结果如图 2-31 所示。

9）执行"文件"→"打开"命令，打开素材文件中的"原图 4"文件，如图 2-32 所示。

图 2-31　　　　　　　　　　　　　　　　　图 2-32

10）创建蛋糕选区。观察一下，可以发现蛋糕以外的部分是同一颜色，遇到这种情况可通过"色彩范围"命令来创建选区。执行"选择"→"色彩范围"命令，在弹出的对话框中选择"吸管工具"，然后在蛋糕以外的部分单击，此时在预览区域中，被点选的部分变成了白色，表示它们已被选取；没有被点选的部分变成了黑色，如图 2-33 所示。接着调节颜色容差的数值，并勾选"反相"复选框，如图 2-34 所示。

图 2-33　　　　　　　　　　　　　　　　　图 2-34

17

11）执行"编辑"→"复制"命令，将选区进行复制，关闭"原图 4"文件。然后执行"编辑"→"粘贴"命令，将复制的图像进行粘贴，再执行"编辑"→"自由变换"命令（或按<Ctrl+T>组合键），将其缩放到合适大小，并拖至适当的位置，结果如图 2-35 所示。

图 2-35

12）执行"文件"→"打开"命令，打开素材文件夹中的"原图 5"文件，如图 2-36 所示。

13）选择工具箱中的"魔术棒工具"，设定容差值为 5。

14）用"魔术棒工具"在酒瓶的背景处单击，然后执行"选择"→"扩大选取"命令，将选择区域扩大。

15）将"扩大选取"命令执行多次后，如果背景还没有被完全选取，则可以按住<Shift>键并用"魔术棒工具"单击背景上没有选中的区域，直到完全选中背景，如图 2-37 所示。执行"选择"→"反向"命令，将酒瓶选中，如图 2-38 所示。

图 2-36   图 2-37   图 2-38

16）执行"编辑"→"复制"命令，将选择区域进行复制，关闭"原图 5"。执行菜单中的"编辑"→"粘贴"命令，将复制的图像粘贴到背景中，结果如图 2-39 所示。

图 2-39

　　"自由变换"命令用于对选择区域进行缩放和旋转等操作。执行此命令后，选中区域上会出现一个矩形框及 8 个控制点，用其可以非常轻松地产生各种变形效果，完成后按<Enter>键确认即可。

　　17）执行"文件"→"打开"命令，打开素材文件中的"原图 6"文件，如图 2-40所示。

　　18）选择工具箱中的"魔术棒工具"　　，设定容差值为30。

　　19）在背景中的任意位置进行单击，然后执行菜单中的"选择"→"选区相似"命令，将选取区域扩大。

　　20）如果执行"选取相似"命令后，没有完全选中背景，则可以再次执行"选区相似"命令。如果背景上还有未选中的区域，则可以按住<Shift>键并用"魔术棒工具"逐一选择这些未选中的区域，结果如图 2-41 所示。执行"选择"→"反向"命令，将盘子选中，结果如图 2-42 所示。

图 2-40　　　　　　　　　　图 2-41　　　　　　　　　　图 2-42

　　"选取相似"和"扩大选取"命令的相同点是它们和"魔术棒工具"一样，都是根据像素颜色的近似程度来增加选择范围的；不同点在于，"扩大选取"命令只作用于相邻像素，而"选区相似"命令则针对所有颜色相近的像素。

　　21）执行"编辑"→"复制"命令，将选择区域进行复制，关闭"原图 6"。执行"编辑"→"粘贴"命令，结果如图 2-43 所示。

图 2-43

22）执行"文件"→"打开"命令，打开素材文件中的"原图 7"文件，如图 2-44 所示。

23）用鼠标按住工具箱中的"套索工具"不放，在弹出的工具列表中选择"磁性套索工具"把鼠标移动到图像上，在烤鸡的边界处单击开始选取。选取时，"磁性套索工具"会根据颜色的相似性选择出不规则的区域，结果如图 2-45 所示。

图 2-44   图 2-45

小贴士：

"磁性套索工具"应用在图像或某一个单独的层中，主要是选择外形极其不规则图形，所选图形与背景的反差越大，选取的精确度越高。该工具既有"套索工具"的方便性，又有"路径选择工具"的准确性，因此该工具在编辑图形时，是一个很好的帮手。

24）执行"编辑"→"复制"命令，将选择区域进行复制，关闭"原图 7"。执行"编辑"→"粘贴"命令，将复制的图像粘贴到背景中，并将其拖至适当的位置，结果如图 2-46 所示。

图 2-46

20

25）现在没有倒影，图片显得不真实，给蛋糕做一个倒影。新建"图层7"，选择工具箱中的"椭圆选框工具" ，在蛋糕下面画一个椭圆，并填充灰色（R:160、G:58、B:158），如图2-47所示。

图 2-47

26）使用"涂抹工具"在倒影的边缘处涂抹，在属性栏中设置强度为26，在涂抹过程中尽量涂抹得自然一些，如图2-48所示。

图 2-48

27）以此类推，分别给烤鸡和鸡翅的下方绘制倒影，适当地调整桌上食物的摆放位置并调整一下大小，最终效果如图2-49所示。

图 2-49

任务3　处理"傍晚风景"照片

1. 任务背景

随着生活水平的提高，人们外出旅游的机会越来越多，拍的照片也越来越多，有时拍出的风景照片有些单调，这时就可以通过 Photoshop 把喜欢的多张风景合成为一张图片。

2. 跟我做——处理"傍晚风景"照片

本任务中的示例图片在合成过程中，重点是把需要的素材抠出来，并让素材的色调与背景融合自然，主要应用魔术棒工具、图层混合模式和图层蒙版，图片合成效果如图 2-50 所示。

图 2-50

➢ 素材文件：项目 2/任务 3/素材
➢ 效果图文件：项目 2/任务 3/效果图/傍晚风景效果图.psd

1）启动 Photoshop，执行"文件"→"打开"命令，打开素材文件项目 2/任务 3/风景.psd 和鱼.psd 文件，如图 2-51 和图 2-52 所示。

图 2-51   图 2-52

2）确定当前鱼.psd 图像为活动状态。选择工具箱中的"魔术棒工具" ，确定容差值为 50，按住<Shift>键多次选取鱼身以外的部分，直到除鱼以外的图像全部被选取。然后执行"选取"→"反选"命令，反选选区，从而选中鱼的全部，如图 2-53 所示。

3）执行"编辑"→"复制"命令（或按<Ctrl+C>组合键），复制鱼，然后使风景.psd 图片处于激活状态，执行"编辑"→"粘贴"命令（或按<Ctrl+V>组合键），将鱼粘贴到风景画中，结果如图 2-54 所示，此时"图层"面板如图 2-55 所示。

22

图 2-53

图 2-54　　　　　　　　　　　　　　　　图 2-55

4）确定当前图层为鱼所在图层，改变"图层"面板上方的"不透明度"的值和图层混合模式，如图 2-56 所示，从而产生透明效果，效果如图 2-57 所示。

图 2-56　　　　　　　　　　　　　　　　图 2-57

小贴士：

图层混合模式用于设置图层之间的特殊混合效果，常用于图像合成特效的制作中。Photoshop 中，将图层混合模式分为组合型、加深型、减淡型、对比型、比较型和色彩型六大类，利用"图层"面板中的"设置图层混合模式"选项，可以在不同的混合模式中进行切换，同时结合"不透明度"的设置可以调整图层显示时的透明效果。

5）打开素材文件中的海鸥.psd 文件，然后选择工具箱中的"魔术棒工具" ，确定容

23

差值为 30，选取海鸥以外的部分，直到除海鸥以外的图像全部被选取。执行"选取"→"反选"命令，反选选区，从而选中海鸥的全部，如图 2-58 所示。接着执行"编辑"→"复制"命令（或按<Ctrl+C>组合键），复制海鸥，然后使风景.psd 图片出于激活状态，执行"编辑"→"粘贴"命令（或按<Ctrl+V>组合键），将海鸥粘贴到风景.psd 中，效果如图 2-59 所示。

图 2-58

图 2-59

6）此时海鸥和背景融合得不够自然，为了解决这个问题，将海鸥所在的"图层 3"的图层混合模式设置为"强光"即可，如图 2-60 所示，效果如图 2-61 所示。

图 2-60

图 2-61

7）制作海鸥融入水雾中的效果。单击"图层"面板下方的"图层蒙版"按钮 ▣，为海鸥所在的"图层 3"添加一个图层蒙版，如图 2-62 所示。

图 2-62

24

8）选择工具箱中的"渐变工具" ▭，渐变类型选择"线性渐变" ▭，用黑白渐变处理图层蒙版，如图 2-63 所示，效果如图 2-64 所示。

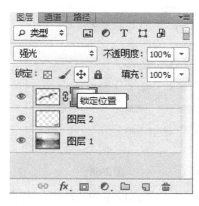

图 2-63　　　　　　　　　　　　　　图 2-64

9）此时海鸥比例过大，因此执行"编辑"→"自由变换"命令，适当缩放海鸥的大小，结果如图 2-65 所示。

图 2-65

10）打开素材文件中的渔夫.psd 文件，如图 2-66 所示。

图 2-66

11）选择工具箱中的"移动工具"，将渔夫.psd 图片拖动到风景.psd 图片中，如图 2-67

25

所示，这时"图层"面板中又增加了一个"图层4"，如图2-68所示。

图2-67　　　　　　　　　　　　　　　图2-68

12）为了将渔夫.psd与风景.psd融合，将"图层4"的混合模式设定为"叠加"，如图2-69所示，效果如图2-70所示。

图2-69　　　　　　　　　　　　　　　图2-70

13）此时，渔夫.psd图片边缘过于清晰。为了解决这个问题，单击"图层"面板下方的"图层蒙版"按钮，为"图层4"添加一个图层蒙版，然后用黑白直线渐变工具对蒙版进行处理，最终效果如图2-71所示，此时"图层"面板如图2-72所示。

图2-71　　　　　　　　　　　　　　　图2-72

26

小贴士：

　　蒙版是 Photoshop 中的重要功能之一，主要用于遮盖和显示图层中的图像，常用于图像的合成操作中。利用蒙版可以更加方便地编辑图像，制作出特殊的图像效果。蒙版的编辑与设置可通过"属性"面板中的蒙版选项来完成，结合"图层"面板可以直观地观看蒙版效果。蒙版根据其作用可分为图层蒙版、矢量蒙版、快速蒙版和剪贴蒙版。由于蒙版作用的不同，所以在蒙版的创建方法上也有所区别。图层蒙版也称为像素蒙版，是最常用的蒙版类型之一。图层蒙版将不同的灰度值转换为不同的透明度，并作用于它所在的图层，使图层不同部分的透明度产生相应的变化。在图层蒙版中，黑色为完全不透明，即遮盖区域，白色为完全透明，即显示区域，介于白色和黑色之间的灰色为半透明效果。

 # 任务4　处理"乌云密布风景"照片

1. 任务背景

　　原本晴空万里的风景，经过 Photoshop 处理后的图片便是乌云密布了，你来试一试吧。

2. 自己动手——处理"乌云密布风景"照片

　　本任务的示例图片在合成过程中，主要应用魔棒工具、画笔工具和多边形套索工具，效果如图 2-73 所示。

图 2-73

➤ 素材文件：项目 2/任务 4/素材

➤ 效果图文件：项目 2/任务 4/效果图/立体字效果图.psd

操作提示如下：

1）打开素材文件中的项目 2/任务 4 文件夹中的风景.psd 文件。

2）选择工具箱中的"魔棒工具"，设置容差值为 50，确定勾选"连续"复选框。然后选择图中的天空部分。将素材文件中的晚霞.psd 图片粘贴到风景.psd 文件中。

27

　　3）制作水中的倒影效果。选择工具箱中的"多边形套索工具"，设置羽化值为0，将水塘部分圈选起来。将晚霞.psd文件粘贴到水塘处制作倒影。

　　4）为了使陆地的色彩与晚霞相匹配，应确定当前图层为背景层。执行"图像"→"调整"→"色相/饱和度"命令，在弹出的对话框中设置参数色相为30，饱和度为60，明度为0。至此，图像合成完毕。

项目 3　制作特效纹理

特效纹理制作是 Photoshop 软件制作特殊效果的重要部分，利用滤镜与通道可以完成很多以假乱真的特效。

本项目将以岩石、水珠、火焰文字、云朵等为特效纹理，任务有趣且易于掌握。以牛奶新品海报、限量手机海报、简历封面等为实例，为读者详细介绍海报与封面设计的方法和技巧。在制作过程中，希望读者能够掌握其中的要点并灵活运用，从而制作出满意的作品。

　任务 1　制作岩石纹理　

1．任务背景

岩石纹理特效可用于很多方面，是 Photoshop 纹理制作中的基础内容，读者可以通过本任务体会到 Photoshop 中滤镜的神奇之处。

2．跟我做——制作岩石纹理

本任务将利用滤镜制作逼真的岩石纹理效果。例子较为简单，读者在制作过程中可以多改变一下纹理，以制作更多类似的效果，岩石纹理效果如图 3-1 所示。

图 3-1

> 素材文件：项目 3/任务 1/素材
> 效果图文件：项目 3/任务 1/效果图/岩石纹理.jpg

1）新建"宽度"为 800 像素、"高度"为 800 像素、"分辨率"为 72 像素/英寸、"颜色模式"为 RGB 颜色 8 位、"背景内容"为白色、"名称"为岩石纹理的图像文件，如图 3-2 所示。

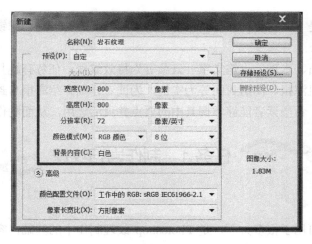

图 3-2

2）改变前景色为 R：77、G：77、B：77，背景色为 R：121、G：91、B：50。

3）执行"滤镜"→"渲染"→"云彩"命令，如图 3-3 所示。

4）执行"滤镜"→"杂色"→"添加杂色"命令，如图 3-4 所示。

5）单击"通道"面板，新建一个"Alpha 1"，如图 3-5 所示。

图 3-3

图 3-4

6）执行"滤镜"→"渲染"→"云彩"命令，如图 3-6 所示。

7）执行"滤镜"→"杂色"→"添加杂色"命令，从编辑菜单中选择"渐隐添加杂色"

选项，如图 3-7 所示。

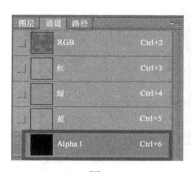

图 3-5 　　　　　　　　　　图 3-6 　　　　　　　　　　图 3-7

8）将透明度调整到 50%，然后执行"滤镜"→"渲染"→"分层云彩"命令，效果如图 3-8 所示。

图 3-8

9）返回"图层"面板，复制"背景"图层产生"背景 副本"图层，再将"背景 副本"图层暂时关闭（单击"背景 副本"左边的小眼睛图标），如图 3-9 所示。

图 3-9

31

10）选择"背景"图层，执行"滤镜"→"渲染"→"光照效果"命令，如图 3-10 和图 3-11 所示。

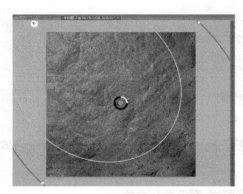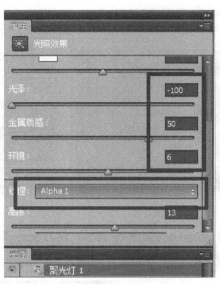

图 3-10   图 3-11

11）选择"背景 副本"图层，打开"背景 副本"图层左边的小眼睛图标，同样使用"光照效果滤镜"，改变光泽为-50%，其他参数不变，具体如图 3-12 所示。

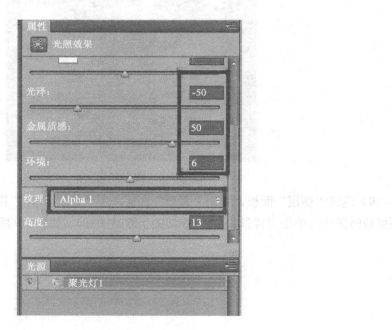

图 3-12

12）为"背景 副本"图层添加图层蒙版，再选择"蒙版"，然后使用"云彩滤镜"，再使用"分层云彩滤镜",如图 3-13 所示。

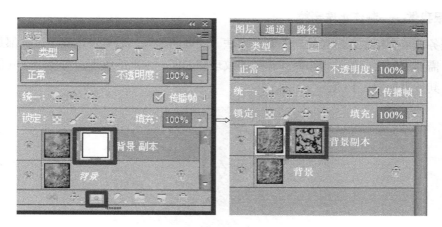

图 3-13

小贴士:

在 Photoshop 中可以创建不同类型的蒙版,包括快速蒙版、剪贴蒙版、矢量蒙版和图层蒙版。快速蒙版用来创建、编辑和修改选区。在快速蒙版状态下,被选取的区域显示为原图,而未被选取的区域会覆盖一层半透明的颜色。"图层蒙版"是 Photoshop 中图像合成的高级模式。

13)最终得到岩石纹理效果,如图 3-14 所示。

图 3-14

 任务 2   制作水珠颗粒

1.任务背景

水珠颗粒不但可以做出可爱的水泡泡字体,还可以添加在水果和蔬菜图片上,如运用在凹凸不平的荔枝皮表面，不同于以往的实心硬刺，荔枝显得更加"活泼有趣"。

2. 跟我做——制作水珠颗粒

本任务重点介绍水珠颗粒纹理的制作方法。纹理的暗调，高光及边线等设置都是在通道中完成，需要用到不同的滤镜来制作需要的纹理和选区。水珠的纹理，可使用在其他创意的图形中，其效果如图 3-15 所示。

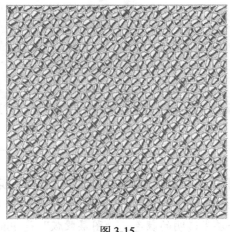

图 3-15

➢ 素材文件：项目 3/任务 2/素材

➢ 效果图文件：项目 3/任务 2/效果图/水珠颗粒效果图.jpg 和荔枝最终效果图.jpg

1）新建"宽度"为 800 像素、"高度"为 800 像素、"分辨率"为 72 像素/英寸、"颜色模式"为 RGB 颜色 8 位、"背景内容"为白色、"名称"为水珠颗粒的图像文件，如图 3-16 所示。

2）进入"通道"面板，新建一个通道并命名为"边线"，如图 3-17 所示。

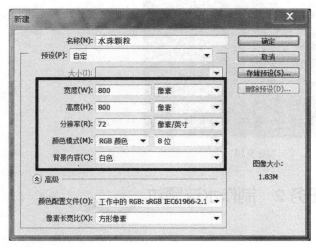

图 3-16

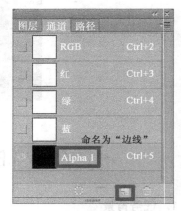

图 3-17

3）把前景色设置为白色，执行"滤镜"→"纹理"→"染色玻璃"命令，设置如图 3-18 和图 3-19 所示。

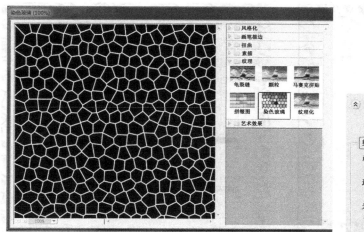

図 3-18　　　　　　　　　　　　　　　　　图 3-19

4）把通道复制一层，命名为"灰度渐变"，对复制的通道执行"滤镜"→"艺术效果"→"霓虹灯光"命令，如图 3-20 所示。

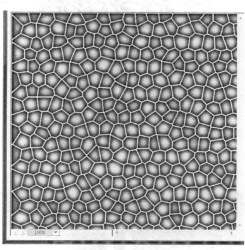

图 3-20

5）将当前通道复制一层，命名为"浮雕效果-暗"，执行"滤镜"→"风格化"→"浮雕效果"命令，参数设置如图 3-21 所示。确定后把得到的通道再复制一层，命名为"浮雕效果-亮"，按<Ctrl＋I>组合键反相。

6）按<Ctrl＋L>组合键，打开色阶工具，分别调整"浮雕效果-暗"和"浮雕效果-亮"。暗部注意过渡光滑，用于表现透明感。亮部注意白色范围的大小，用于表现表面高光，设置如图 3-22 所示，效果如图 3-23 所示。

7）返回图层，把背景填充为深灰色，如图 3-24 所示。

35

8）按<Ctrl>键单击"边线"通道，载入选区，返回"图层"面板，为选区填充白色，效果如图 3-25 所示。

图 3-21

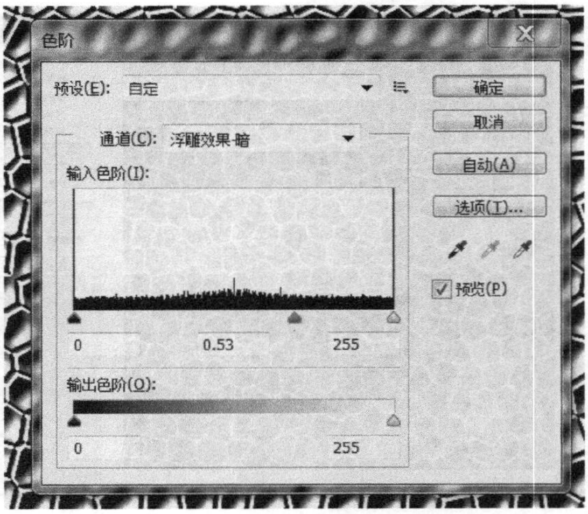

图 3-22

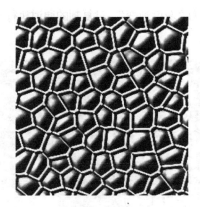

图 3-23

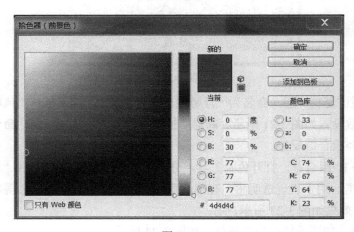

图 3-24

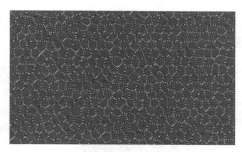

图 3-25

9）按<Ctrl>键单击"浮雕效果-暗"通道，载入选区，返回"图层"面板，填充为浅灰色。使用同样的方法，载入"浮雕效果-亮"通道选区，对其执行"选择"→"修改"→"收缩"命令，收缩量为 2，让选区收缩两个单位，留出一条边界。返回"图层"面板并填充白色，效果如图 3-26 和图 2-27 所示。

图 3-26

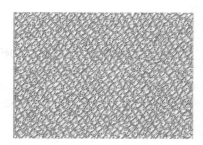

图 3-27

小贴士：

在通道层按<Ctrl>键可以将通道中的非黑色部分选取出来，使用 Photoshop 制图和抠图时也常用到这一功能，如可以选择红、绿、蓝中的任意一层，复制后将对比度调到黑白分明时，可以选出细小的发丝，非常方便。

10）按<Ctrl＋U>组合键调整色相和饱和度，根据自己的喜好调色，如图 3-28 所示。

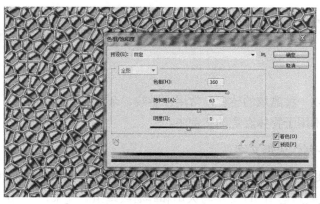

图 3-28

37

11）水珠颗粒做好后，可以将纹理粘贴到自己喜爱的物体上，并用"加深/减淡工具"简单地画出物体的明暗，如图 3-29 所示。

图 3-29

12）至此得到最终效果，如图 3-30 所示。

图 3-30

 任务 3　制作火焰文字

1．任务背景

火焰文字给人以一种酷炫的感觉，常用在游戏、杂志等潮流板块中，学会了这种特效方法，还可以将此技术用于物体燃烧的实例中。

2．跟我做——制作火焰文字

本任务制作的是激情燃烧的 3D 烈火字体，将教会读者在 Photoshop 中创造被火焰环绕的 3D 文字的方法，主要是运用 3D 文字与火焰和碎石纹理组合起来，应用图像调整、图层混合模式以及多种工具和滤镜来完成任务，其效果如图 3-31 所示。

图 3-31

➤ 素材文件：项目 3/任务 3/素材

➤ 效果图文件：项目 3/任务 3/效果图/火焰特效.psd

1）新建"宽度"为 1400 像素、"高度"为 800 像素、"分辨率"为 72 像素/英寸、"颜色模式"为 RGB 颜色 8 位、"背景内容"为白色、"名称"为火焰文字的图像文件，如图 3-32 所示。

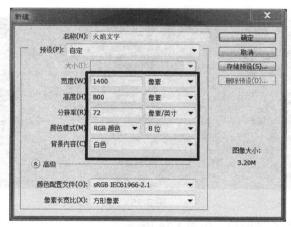

图 3-32

2）将背景填充成黑色，并打开这个纹理，画出选区，结果如图 3-33 所示。

图 3-33

39

3）拖动此选区到"火焰文字"的图像文件中，使用自由变换来改变选区的角度，如图 3-34 所示。

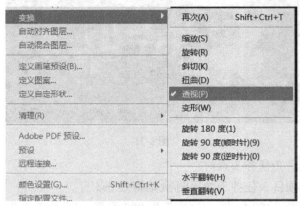

图 3-34

4）使用"柔角"橡皮工具，将"不透明度"调为 40%，将岩石图片的边缘减淡，如图 3-35 所示。

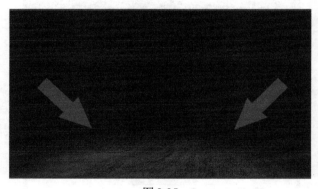

图 3-35

5）载入 3D 效果的文字图片，如图 3-36 所示。

图 3-36

40

6）再次导入岩石图片，按<Ctrl>键并单击文字图层，选区出现在岩石图层上，然后按<Ctrl+C>组合键复制选区，按<Ctrl+V>组合键粘贴出新的图层。把选区拼合到文字上，使用橡皮擦工具擦除部分纹理，不要让它覆盖所有的文字，如图 3-37 和图 3-38 所示。

图 3-37

图 3-38

7）导入火焰纹理图像并重复上面的步骤，复制火焰的选区，把图层的混合模式改为"强光"，如图 3-39 和图 3-40 所示。

图 3-39

图 3-40

8）将 3D 文字图层移动到所有纹理图层的上方，并将图层的混合模式改为"叠加"，效果如图 3-41 所示。

图 3-41

9）为文字添加周围的火焰。打开火焰素材，使用"套索工具"（设置羽化值为 40 像素）选择火焰图像的一部分，如图 3-42 所示。

图 3-42

10）执行"滤镜"→"液化"命令，将火焰制作成如图 3-43 所示的形态。

42

图 3-43

11）把火焰的图层混合模式调成"滤色"，如图 3-44 所示。

图 3-44

12）选取更多的火焰素材并添加到文字周围，尽可能地让火焰看起来像是在文字上燃烧一样，如图 3-45 所示。

图 3-45

43

13）在所有图层上创建"色彩平衡"调整图层，微调整体颜色，如图 3-46 所示。

图 3-46

小贴士：

　　在 Photoshop 中使用"调整图层"和"填充图层"命令，将使创作工作更加灵活、机动。"调整图层"命令可对图像的试用颜色和应用色调进行调整；而"填充图层"命令可向图像快速添加颜色、照片和渐变图层。如果对图像效果不满意，则还可将其运行，再次进行编辑或删除，而不会影响原始图像信息。在默认情况下，调整图层和填充图层带有图层蒙版，由图层缩览图左边的蒙版缩览图表示。如果在创建调整图层或填充图层时路径处于显示状态，则创建的是矢量蒙版而不是图层蒙版。

14）细致调整后，得到最终效果，如图 3-47 所示。

图 3-47

 **任务4　制作星形云朵**

1. 任务背景

云朵经常以不同的形状展现在人们眼前，为人们带来了各种天马行空的想象空间。本任务可以将各种形状的物体制作成逼真的云朵形状，十分具有学习的价值。

2. 自己动手——制作星形云朵

本任务是制作一个星星形状的云朵效果。利用找到的云彩素材，也可以使用云彩笔刷，按照星星的形状叠加成最终的效果。然后再适当加上一些装饰素材即可。本任务制作难度不大，其他形状的效果使用同样的方法也可以制作出来，星形云朵效果如图 3-48 所示。

图 3-48

➢ 素材文件：项目 3/任务 4/素材

➢ 效果图文件：项目 3/任务 4/效果图/星形云朵.psd

操作提示如下：

1)新建"宽度"为 1400 像素、"高度"为 800 像素、"分辨率"为 72 像素/英寸、图像背景色为#41B8F2、"名称"为"星形云朵的图像文件。

2)打开云层素材，适当调整其大小并放到图层上，把云彩的图层混合模式设置为"强光"，然后加上图层蒙版，并用黑白渐变拉出透明渐变效果。

3）新建一个图层，用"自定义形状工具"拉出一个星形图案并填充为白色。

4）打开云朵素材，执行"图像"→"调整"→"去色"命令，并打开"通道"面板，把红色通道复制一层，按<Ctrl + M>组合键，打开"曲线"对话框，调节云朵与背景的明暗度，用黑色画笔把不需要的部分涂黑，再按<Ctrl>键加选红色通道副本，选出云朵。

5）返回"图层"面板，按<Ctrl + C>组合键进行复制，再按<Ctrl + V>组合键粘贴出新的图层。

6）将一块小云朵复制出来，然后按照白色星形图形进行复制，复制好后把白色星形图层隐藏。

7）选择一块较大的云朵，复制到新的图层，将图层的混合模式改为"滤色"，将云朵摆放在星形边框的内部位置。

8）新建一个图层，用画笔绘制一些小的装饰，细致调整后，得到最终效果。

项目4　制作创意背景

创意背景运用范围非常广泛，比较考验制作者软件操作的熟练程度和想法创意。一幅创意十足的背景，不仅可以用在广告宣传方面，还可以用在品牌建立上，所以是学习 Photoshop 的重要环节。

本项目以童趣背景、天池背景、水火拳创意背景和星际背景作为例子，应用滤镜、通道、图层混合等方式拼接制作创意背景。为读者详细介绍创意设计的方法和技巧，在制作过程中，希望读者能够掌握其中的要点并灵活运用，举一反三，从而制作出满意的作品。

　任务1　制作童趣背景　

1. 任务背景

矢量图背景因其颜色艳丽、创意新颖，深受各大广告商的亲睐，也有很多的设计师会用 Photoshop 来制作简单的矢量图背景。本任务方法简单，容易掌握，适合初学者学习。

2. 跟我做——制作童趣背景

本任务教读者学习利用 Photoshop 创意合成余晖中儿童玩耍的失量图，画面漂亮且有创意，使用真实的人物和景物变成颜色鲜艳的矢量壁纸，其效果如图 4-1 所示。

图 4-1

➢ 素材文件：项目 4/任务 1/素材

➢ 效果图文件：项目 4/任务 1/效果图/童趣矢量背景.Psd

1）新建"宽度"为 1200 像素、"高度"为 1400 像素、"分辨率"为 72 像素/英寸、"颜色模式"为 RGB 颜色 8 位、"背景内容"为白色、"名称"为童趣矢量图的图像文件，如图 4-2 所示。

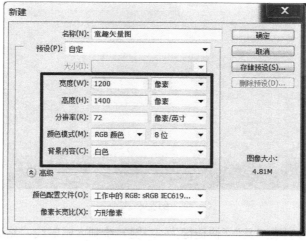

图 4-2

2）选择"渐变工具"（快捷键为<G >键），并选择一个色调为橙色，另一个色调为黄色，绘制一个中心渐变的图像，如图 4-3 和图 4-4 所示。

图 4-3

图 4-4

3）开始绘制草，选择默认的 Photoshop 笔刷，关闭笔刷选项中的"色彩动态"选项，按住<Shift>键绘制草地，如图 4-5 所示。

图 4-5

4）使用"多边形套索工具"（快捷键为<L>键）绘制太阳射线。然后填涂白色，改变图层的混合模式为"叠加"，降低"不透明度"的值为 10%～20%，如图 4-6 和图 4-7 所示。

图 4-6

图 4-7

5）添加树的剪影，效果如图 4-8 所示。

图 4-8

6）调整树的色相和饱和度，将"明度"设置为-100，如图 4-9 所示。

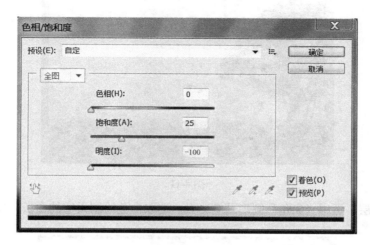

图 4-9

7）为了增添乐趣，可以添加一些从树上落下的叶子。使用 Photoshop 中内置的"叶子"笔刷。勾选"形状动态""散布""传递"和"平滑"4 个复选框，按照实际情况将叶子画笔调整到合适的大小，并将其适当地铺在画面中，如图 4-10 和图 4-11 所示。

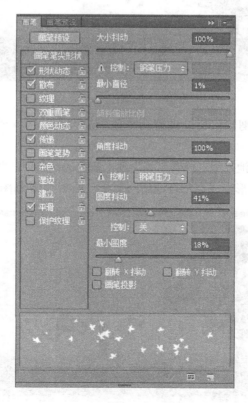

图 4-10

49

图 4-11

8）新建图层，运用"尖角"圆形画笔工具，选取白色绘制天空的白云，如图 4-12 所示。

图 4-12

9）导入儿童玩耍的剪影素材，调整两个孩子的大小，摆放至画面中的合适位置，如图 4-13、图 4-14 所示。

10）制作草地旁的水池，用"椭圆工具"画出蓝色的椭圆形，并执行"编辑"→"变换"→"变形"命令，将椭圆形变成更符合池塘的形状，如图 4-15 和图 4-16 所示。

图 4-13

图 4-14

图 4-15

图 4-16

11）为了制作湖边草地的倒影，现将草地的图层进行复制，并执行"编辑"→"变换"→"垂直翻转"命令，将草地反扣在湖面上，如图 4-17 所示。

12）为使草地的倒影更贴合湖边的形状，再次运用"变形"工具，为复制出来的草地改变形状，如图 4-18 所示。

51

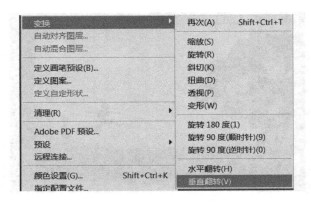

图 4-17

图 4-18

小贴士:

Photoshop 编辑菜单中的"自由变换"命令功能非常强大,在变换命令下面还包含缩放、旋转等多个子命令,熟练掌握它们的用法将为操作图像变形带来很大的方便。当图像处于自由变换的状态时(快捷键为<Ctrl+T>),仅拖动鼠标便可改变图像形状。我们仅拖动鼠标便可改变图像形状,其中经常使用的变形方法有:<变形一>鼠标左键拖动变形框四角任一角点时,图像为长宽均可变的自由矩形,也可翻转图像;<变形二>鼠标左键拖动变形框四边任一中间点时,图像为可等高或等宽的自由矩形;<变形三>鼠标左键在变形框外弧形拖动时,图像可自由旋转任意角度。

13)将大树、人物以及光线的图层复制后执行"垂直翻转"命令,并将复制出来的图层混合模式改为"滤色",最终得到童趣矢量壁纸,如图 4-19 所示。

图 4-19

 任务 2　制作天池背景

1. 任务背景

利用真实照片合成技术完成创意图片的制作，这种方法常用于各种图片的处理，再加上一些自己的创意，便可将原本无关的事物综合起来，形成新的视觉冲击，因此是设计师要掌握的基本技能之一。

2. 跟我做——制作天池背景

本任务使用 Photoshop 合成创意背景，利用几幅真实的风景图合成一幅优美秀丽的天湖一色的壮丽风景照，其中加入一些创意将天空变成湖面的倒影，再加上人物和水波，画面看上去犹如梦中仙境，其效果如图 4-20 所示。

图 4-20

➤ 素材文件：项目 4/任务 2/素材

➤ 效果图文件：项目 4/任务 2/效果图/天池背景.psd

1）新建"宽度"为 1200 像素、"高度"为 720 像素、"分辨率"为 72 像素/英寸、"颜色模式"为 RGB 颜色 8 位、"背景内容"为白色、"名称"为天池背景的图像文件，如图 4-21 所示。

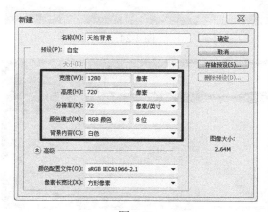

图 4-21

2）打开风景背景的素材图片，执行菜单中的"图像"→"图像旋转"→"垂直翻转画布"命令，如图 4-22 所示。然后拖动文件，结果如图 4-23 所示。

53

图 4-22

图 4-23

3）将拖入的风景图多复制一层，选取部分山与天，重复执行"垂直翻转"命令，并摆放在画面中合适的位置上，效果如图 4-24 和图 4-25 所示。

图 4-24

图 4-25

4）导入水纹素材，放在图片的左下角，设置图层的混合模式改为"叠加"，效果如图 4-26

所示。

图 4-26

　5）为了保证水纹的透视与池面的一致，执行"编辑"→"变换"→"透视"命令，将水纹调整好后，加上图层蒙版，并用黑色画笔将边缘部分涂掉，如图 4-27~图 4-29 所示。

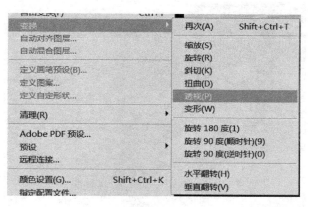

图 4-27

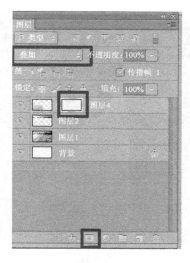

图 4-28

55

图 4-29

6）导入人物素材，用"快速蒙版工具"或"磁性套索工具"把人物抠出来，并拖入图片中，放到水波上面，如图 4-30～图 4-32 所示。

图 4-30

图 4-31

图 4-32

小贴士：

蒙版的作用是：如果想对图像的某一特定区域运用颜色变化、滤镜和其他效果，则没有被选的区域（也就是黑色区域）就会受到保护和隔离而不被编辑。

制作蒙版的方法有以下几种：①先制作选区，再选择和存储选区，或直接单击"通道"面板中的"将选区存储为通道"按钮；②利用"通道"面板，先创建一个 Alpha 通道，然后用绘图工具或其他编辑工具在该通道上编辑，以产生一个蒙版；③制作图层蒙版；④利用工具箱中的快速蒙版显示模式工具产生一个快速蒙版。

7）使用"色彩平衡"命令和"曲线"命令调整人物图层，将人物与背景的颜色最大限度地融合，如图 4-33 和图 4-34 所示。

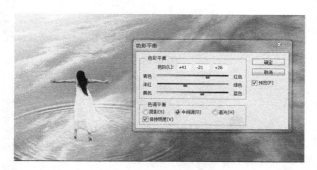

图 4-33

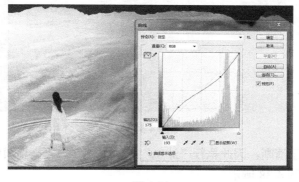

图 4-34

57

8）为了使人物更真实地融入背景，让人物的裙摆有一定的透光感，透出"背景"图层。用"羽化"值为40像素的"自由选择工具"，选出要透光的部分，如图4-35所示。

9）按<Ctrl+C>组合键进行复制，按<Ctrl+V>组合键粘贴出新的图层，将原图层的裙摆用"不透明度"为50%的软橡皮擦薄一些。然后，将上层裙摆复制图层的混合模式改为"强光"，如图4-36所示。

10）把人物图层复制一层，执行"编辑"→"变换"→"垂直翻转"命令，然后放在人物下面作为倒影，如图4-37所示。

图 4-35

图 4-36

图 4-37

11）由于倒影过于清晰，因此执行"滤镜"→"模糊"→"高斯模糊"命令，倒影模糊后显得更加真实，如图4-38所示。

图 4-38

12）最后，将倒影图层的混合模式改为"正片叠底"，如图 4-39 所示。

图 4-39

13）至此，得到最终效果，如图 4-40 所示。

图 4-40

59

任务 3　制作水火拳创意背景

1. 任务背景

水与火一向有"不相容"的说法，但利用 Photoshop 技术却能将水与火结合在一起，让人有强烈的感官刺激，这个实例可以用在多种不同材质的结合上，具有举一反三的作用。

2. 跟我做——制作水火拳创意背景

本任务主要制作一幅有创意的合成图片，运用 Photoshop 创意制作水与火焰相结合的拳头特效图片，其效果如图 4-41 所示。

图 4-41

➢ 素材文件：项目 4/任务 3/素材

➢ 效果图文件：项目 4/任务 3/效果图/水火拳.psd

1）新建"宽度"为 1024 像素、"高度"为 720 像素、"分辨率"为 72 像素/英寸、"颜色模式"为 RGB 颜色 8 位、"背景内容"为白色、"名称"为水火拳的图像文件，如图 4-42 所示。

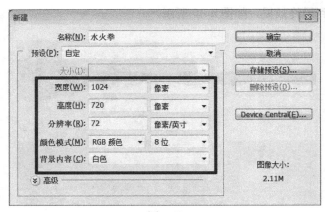

图 4-42

2）导入拳头素材，如图 4-43 所示，将拳头素材反向并去色，结果如图 4-44 和图 4-45 所示。

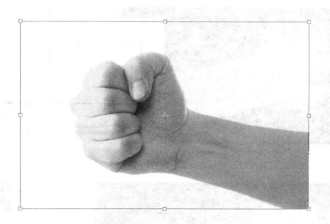

图 4-43

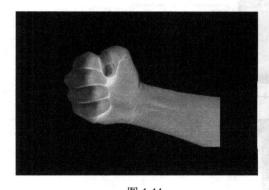

图 4-44

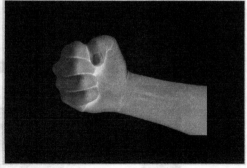

图 4-45

3）将拳头图层多复制出一层留用，此时"图层"面板如图 4-46 所示。

图 4-46

61

4）关闭"图层1副本"的可视性（关闭眼睛图标），将"图层1"的拳头通过"色相/饱和度"和"亮度/对比度"命令改成明亮的橘红色，设置如图4-47～图4-49所示。

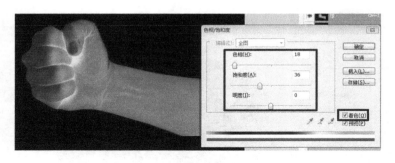

图4-47

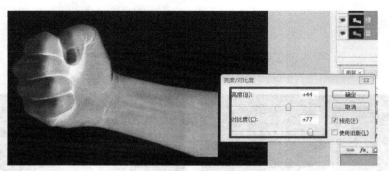

图4-48

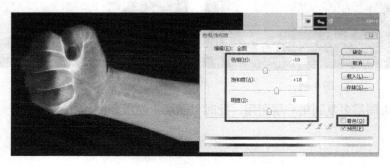

图4-49

5）火拳的颜色大致调整好后，关闭"图层1"的可视性，打开"图层1副本"图层，制作手腕部分的水滴效果。将水滴素材拼接在手腕处的适当位置，如果素材与手腕不合适，则可以执行"编辑"→"变换"→"变形"命令来修改水滴的形状。使用"柔角"橡皮擦去手腕处的边线，如图4-50和图4-51所示。

6）再给手腕加上更多飞溅的水珠，不仅能丰富画面，而且还可以遮挡连接处的曝光，效果如图4-52所示。

7）为了增加水的通透感，现使用不透明度为50%的"柔角"橡皮，将手腕中间擦薄，效果如图4-53所示。

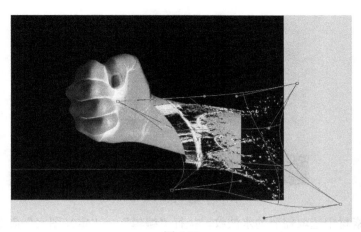

图 4-50

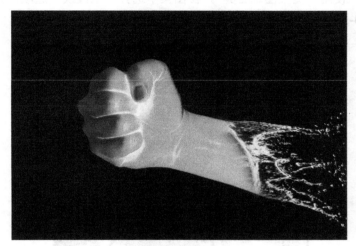

图 4-51

图 4-52

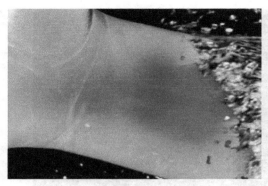

图 4-53

8）在水珠素材中选取需要的水波纹，执行"编辑"→"定义图案"命令，将图案名称设为"水波纹"，使用"图案图章工具"，在图案中选择"水波纹"选项，并刷在手臂处，如图 4-54 和图 4-55 所示，效果如图 4-56 所示。

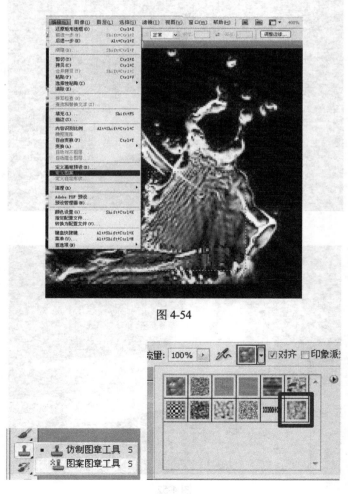

图 4-54

图 4-55

图 4-56

9）为黑白的水拳附上颜色，利用"色相/饱和度"和"亮度/对比度"命令将其改成明亮的水蓝色，设置如图 4-57 和图 4-58 所示。

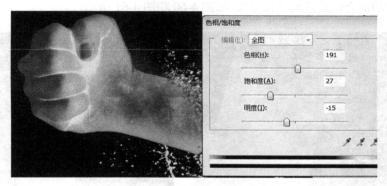

图 4-57

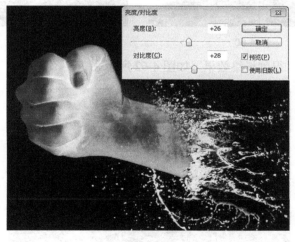

图 4-58

10）为火拳添加图层蒙版，使用黑色画笔工具将右下方涂黑，露出后半部分的水拳，如图 4-59 所示。

65

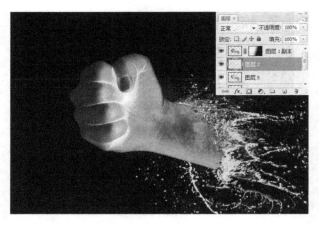

图 4-59

11）将火焰素材导入画面，为火拳增加火焰，并用不透明度为 50%的"柔角"橡皮擦去边线，将图层的混合模式改为"强光"，如图 4-60 和图 4-61 所示。

图 4-60

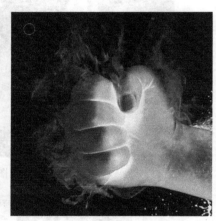

图 4-61

12）细节调整后，得到最终效果，如图 4-62 所示。

图 4-62

任务 4　制作星际背景

1. 任务背景

一部震撼的科幻电影少不了用海报来做宣传，而科幻题材的图片被广泛运用在各种电影与杂志封面上，这样的海报比较考验设计人员的想象力和拼图的能力。如何制作这样有意思的海报，就是本任务的主要内容。

2. 自己动手——制作星际背景

本任务将学习如何使用 Photoshop 图像合成技术，一步步打造奇幻星球大片效果，实例制作过程并不复杂，只要读者用心去做，一定会有不小的收获，其效果如图 4-63 所示。

图 4-63

➤ 素材文件：项目 4/任务 4/素材

➤ 效果图文件：项目 4/任务 4/效果图/星际背景.psd

操作提示如下：

1）新建"宽度"为 1200 像素、"高度"为 1400 像素、"分辨率"为 72 像素/英寸、图像背景色为白色、"名称"为星际背景的图像文件。

2）导入风景素材图片，调整大小使其适合画布的宽度，使用图层蒙版和渐变工具，制作图片中的天空颜色。

3）单击"图层"面板底部的"创建新的填充或调节图层"按钮，并应用渐变映射和"色相/饱和度"命令，调整图片颜色。

4）导入星球素材，更改图层的混合模式为"叠加"，为行星添加"渐变叠加"和"外发

67

光"的图层样式，并添加一个图层蒙版，制作渐隐效果。

5）新建一个图层，将其置于行星图层的下方，运用"添加杂色"和"高斯模糊"命令制作星星。

6）导入云彩素材，这些云彩应该置于星星图层下，然后擦除多余部分。

7）添加飞鸟和星球素材，在星球图层运用第一颗星球的图层样式，并执行"图像"→"调整"→"反向"命令，然后调整图层的混合模式为"叠加"，让星球看起来更自然。

8）最后，用白色柔角画笔绘制几颗最亮的星星即可。

项目5 设计卡片

卡片设计是日常工作中最为常见的设计类型之一，应用领域非常广泛。在卡片设计中，前期创意思考是非常重要的一个环节，无论再绚丽的卡片设计，如果不能吸引观众的眼球，不能与主题思想联系起来，那么都注定是失败的设计。因此，对于卡片的设计，创意是非常重要的。

本项目将以酒吧会员卡、新年贺卡、台历、个人名片设计为实例，为读者详细介绍卡片设计的方法、过程和实现技巧。

 任务1 设计酒吧会员卡

1. 任务背景

会员卡是普通卡片、VIP 贵宾卡、打折卡、优惠卡、磁条卡等的统称，由于制作精美且适合长期保存，因此应用最为广泛，深受消费者和商家的喜爱。尚尚酒吧新开业之际，酒吧决定通过发行会员卡，尽可能地聚集人气，同时利用自己的一切资源来巩固这些客源，使之成为永远的客户群。

2. 跟我做——设计酒吧会员卡

本任务在实施过程中，重点是背景图像的制作和会员卡版面的设计，主要应用渐变色、图层样式及形状工具，其效果如图 5-1 和图 5-2 所示。

图 5-1

图 5-2

> 素材文件：项目 5/任务 1/素材
> 效果图文件：项目 5/任务 1/效果图/酒吧会员卡.psd

（1）渐变、直线工具与"高斯模糊"命令的应用——绘制背景图形

1）打开"素材"目录下的"背景.tif"文件，如图 5-3 所示。

2）单击"图层"面板底部的"创建新图层" 按钮，新建"图层 1"，选择工具箱中的"圆角矩形工具" ，单击属性栏上的"路径"选项，在图像窗口中绘制圆角矩形路径，并按<Ctrl+Enter>组合键转化为选区，如图 5-4 所示。

图 5-3

图 5-4

3）选择"渐变工具"，单击属性栏上的"编辑渐变"按钮，打开"渐变编辑器"窗口，左边色标参数为位置：0%、颜色：（R:73、G:28 B:4）；右边色标参数为位置：100%、颜色：（R:73、G:28 B:4）；单击"确定"按钮，在选区内从下往上拖动鼠标以填充渐变色，按<Ctrl+D>组合键取消选区，如图 5-5 所示。

4）执行"图层"→"图层样式"→"投影"命令，打开"投影"设置面板，设置"不透明度"为 90%，"距离"为 14 像素，"大小"为 8 像素，如图 5-6 所示。

70

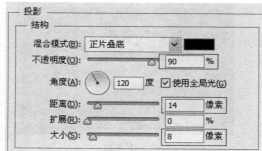

图 5-5　　　　　　　　　　　　　　　　　图 5-6

5）单击"确定"按钮，效果如图 5-7 所示。

6）单击"图层"面板底部的"创建新图层" 按钮，新建"图层 2"。选择"直线工具" ，设置"粗细"为 1 像素，单击属性栏上"像素"选项，在图像中拖动鼠标以绘制直线，如图 5-8 所示。

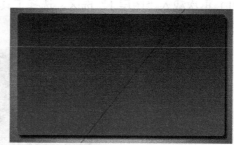

图 5-7　　　　　　　　　　　　　　　　　图 5-8

7）按<Ctrl+Alt+T>组合键，调出"自由变换"调节框，向前拖动复制出副本图层，如图 5-9 所示，按<Enter>键确定。

8）按<Ctrl+Shift+Alt+T>组合键若干次，重复操作 7），直至线条充满整个图像，并将所有直线层合并到"图层 2"，如图 5-10 所示。

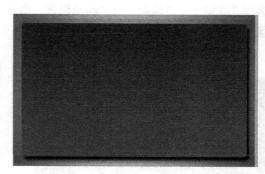

图 5-9　　　　　　　　　　　　　　　　　图 5-10

9）按住<Ctrl>键并单击"图层 1"缩览图，载入其选区，如图 5-11 所示。

10）选中"图层 2"，单击"图层"面板底部的"添加图层蒙版" 按钮，隐藏部分图像，如图 5-12 所示。

71

图 5-11

图 5-12

小贴士：

　　矢量蒙版是通过形状来控制图像显示区域的，它仅能作用于当前图层。矢量蒙版中创建的形状是矢量图，可以使用钢笔工具和形状工具对图形进行编辑和修改，从而改变蒙版的遮罩区域，也可以对它任意缩放而不必担心产生锯齿。

　　11）再次载入"图层1"选区，选择工具箱中的"矩形选框工具" ，单击属性栏上的"减去选区按钮" ，如图5-13所示。

图 5-13

　　12）设置前景色为黑色，新建"图层3"，按住<Alt+Delete>组合键并填充"前景色"，然后按<Ctrl+D>组合键取消选区，如图5-14所示。

　　13）执行"滤镜"→"模糊"→"高斯模糊"命令，打开"高斯模糊"对话框，设置"半径"为4像素，如图5-15所示。

图 5-14

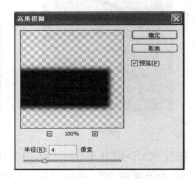

图 5-15

14）单击"确定"按钮，效果如图5-16所示。

15）单击"图层"面板底部的"创建新图层"⬜按钮，新建"图层4"，设置"前景色"为（R：60、G：22、B：14）。选择"矩形选框工具"▭，在图像窗口中拖动绘制矩形选区，按住<Alt+Delete>组合键，填充"前景色"，再按<Ctrl+D>组合键取消选区，如图5-17所示。

图5-16   图5-17

（2）收缩选区和图层样式命令的应用——制作会员卡正面

1）执行"文件"→"打开"命令，打开"素材"目录下的"标志.tif"文件，选择"移动工具"▶⁺，拖动图像到图像窗口中，自动生成"图层5"，如图5-18所示。

2）将"图层5"拖移至"图层4"的下方，并设置图层的混合模式为"柔光"，效果如图5-19所示。

图5-18   图5-19

3）双击"图层"面板的"图层5"，打开"图层样式"对话框，勾选"投影"复选框，设置保持默认，如图5-20所示。

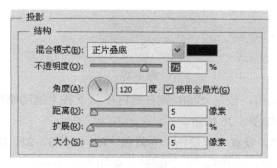

图5-20

4）单击"确定"按钮，如图5-21所示。

5）执行"文件"→"打开"命令，打开"素材"目录下的"小标志.tif"文件，选择"移动工具" ▶⁴，拖动图像到图像窗口中，自动生成"图层6"，并置于"图层4"的上方，效果如图5-22所示。

图5-21

图5-22

6）按住<Ctrl>键并单击"图层6"缩览图，载入其选区。执行"选择"→"修改"→"收缩"命令，打开"收缩选区"对话框，设置"收缩量"为2像素，如图5-23所示。

7）单击"确定"按钮，效果如图5-24所示。

图5-23

图5-24

8）新建"图层7"，选择工具箱中的"渐变工具"，单机属性栏上的"编辑渐变"按钮，打开"渐变编辑器"窗口，左边色标参数为位置：0%、颜色：（R：255、G:127、B：77）；右边色标参数为位置：100%、颜色：（R：255、G：255、B：255）；如图5-25所示。

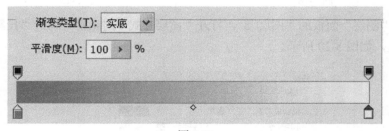
图5-25

9）单击"确定"按钮，按住<Shift>键在选区中从下往上拖动绘制渐变色，按<Crtl+D>组合键取消选区，效果如图5-26所示。

10）新建"图层8"，设置"前景色"为黄色（R：60、G：22、B：14），选择工具箱中的"自定义形状工具" ✿，在图像中绘制路径，如图5-27所示。

图 5-26   图 5-27

11）执行"文件"→"打开"命令，打开"素材"目录下的"舞动.tif"文件，选择"移动工具" ，拖动图像到图像窗口中，命名图层为"剪影"，按<Crtl+T>组合键对素材中的剪影进行自由变换，如图 5-28 所示。

图 5-28

12）双击"剪影"图层，打开"图层样式"对话框，勾选"斜面和浮雕"复选框，设置"深度"为 235%，"大小"为 4 像素，其他保持默认，如图 5-29 所示；勾选"投影"复选框，设置保持默认，如图 5-30 所示。

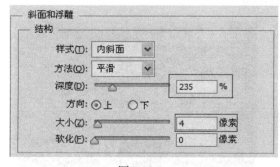

图 5-29   图 5-30

13）单击"确定"按钮，效果如图 5-31 所示。

14）选择工具箱中的"横排文字工具" T，设置"字体"为"叶根友毛笔行书"，输入文字"尚尚酒吧"，双击"尚尚酒吧"文字图层，打开"图层样式"对话框，勾选"渐变叠加"复选框，具体设置如图5-32所示。

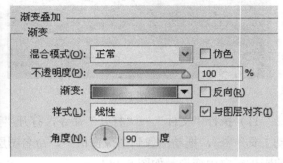

图5-31   图5-32

15）单击"确定"按钮，效果如图5-33所示。

16）选择"横排文字工具" T，设置"字体"为"Trebuchet MS"，"颜色"为（R：255、G：255、B：255），然后输入文字，如图5-34所示。

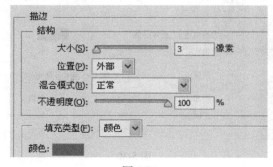

图5-33   图5-34

17）输入文字"VIP"，双击"VIP"文字图层，打开"图层样式"对话框，选择"描边"复选框，设置"大小"为3像素，"颜色"为（R：255、G：109、B：21），如图5-35所示，单击"确定"按钮，最终会员卡正面效果如图5-36所示。

图5-35   图5-36

（3）图层混合模式的应用——制作会员卡背面

1）打开之前做好的会员卡正面，删除不需要的图层，重新排版，如图 5-37 所示。

2）执行"文件"→"打开"命令，打开"素材"目录下的"乐队.jpg"文件，拖动图像到图像窗口中，命名图层为"乐队"，按< Crtl+T >组合键进行自由变换，并单击"添加图层蒙版"⬜按钮隐藏多余部分，如图 5-38 所示。

图 5-37 　　　　　　　　　　　　　　　　　　图 5-38

3）把"乐队"图层的图层混合模式改为"正片叠底"，并把图层的"不透明度"改为 30%，然后拖至"图层 3"的下方，效果如图 5-39 所示。

小贴士：

在"图层"面板中的图层混合模式列表有多种图层混合模式选项，通过选择不同的图层混合模式，可以编辑出图像的不同效果。需要注意的是，同一个混合模式，其图层混和结果会随下方图层颜色的改变而改变。

4）执行"文件"→"打开"命令，打开"素材"目录下的"小标志.tif"文件，拖动图像到图像窗口中，命名图层为"图层 9"，如图 5-40 所示。

图 5-39 　　　　　　　　　　　　　　　　　　图 5-40

5）双击"图层 9"，打开"图层样式"对话框，勾选"描边"复选框，参数设置保持默认，如图 5-41 所示；勾选"渐变叠加"复选框，参数设置保持默认，如图 5-42 所示。

6）单击"确定"按钮，效果如图 5-43 所示。

7）选择"横排文字工具"⊤，分别设置"字体"为"黑体"和"方正隶书简体"，"颜色"为（R：255、G：255、B：255），然后输入文字，效果如图 5-44 所示。

　　8）新建"图层 10"，选择"矩形选框工具"绘制矩形，设置"前景色"为（R：205、G：180、B：149），按<Alt+Delete>组合键填充前景色，如图 5-45 所示。

图 5-41

图 5-42

图 5-43

图 5-44

图 5-45

任务 2　设计新年贺卡

1．任务背景

　　岁末年初是人与人之间相互祝福和问候的最佳时机，大家都要按照习俗问候师长、朋友、家人、员工、领导、客户等，贺卡是传递祝福的一种重要形式。永利百货为吸引更多的商家入驻，维护情感，为企业创造更多的价值，现需量身定制独具特色的专用贺年卡。

2. 跟我做——设计新年贺卡

本方案在实施过程中，重点是背景图像的制作，主要应用图层样式及文字工具，其效果如图 5-46 所示。

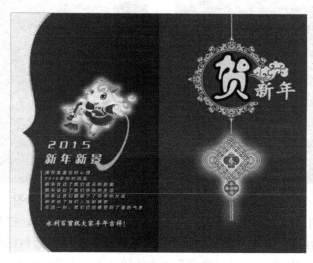

图 5-46

➤ 素材文件：项目 5/任务 2/素材

➤ 效果图文件：项目 5/任务 2/效果图/新年贺卡.psd

（1）渐变工具和图案填充工具的应用——制作贺卡背景

1）打开"素材"目录下的"背景.tif"文件，如图 5-47 所示。

2）单击"图层"面板底部的"创建新图层" □ 按钮，新建"图层 1"，选择工具箱中的"油漆桶工具" ，选择属性栏上的"图案"选项，执行"载入图案"命令，载入素材文件中的"花纹图案.pat"，填充花纹图案，如图 5-48 所示。

图 5-47

图 5-48

3）设置"图层1"的混合模式为"线性加深","不透明度"为34%，效果如图5-49所示。

4）新建"图层2"。选择"矩形选框工具"[ ]，在图像窗口中拖动并定义矩形选区，如图5-50所示。

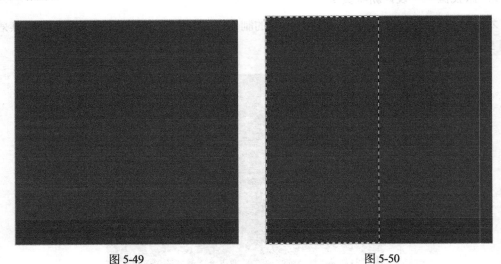

图 5-49 　　　　　　　　　　　　　　　　 图 5-50

5）选择工具箱中的"渐变工具"[ ]，打开"渐变编辑器"窗口，打开"渐变编辑器"窗口，左边色标参数为位置：0%、颜色：(R：0、G：0、B：0)；右边色标参数为位置：100%、颜色：(R：0、G：0、B：0)；单击"色带"上方的第2个"不透明度色标"，在打开的对话框中设置该位置的"不透明度"为0%，"位置"为100%，单击"确定"按钮，如图5-51所示。

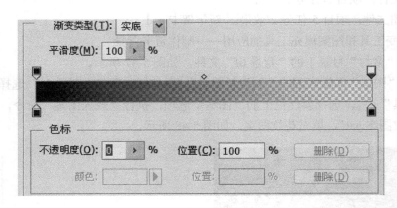

图 5-51

6）单击属性栏上的"线性渐变"按钮[ ]，在选区中从右到左拖动鼠标填充渐变色，并按<Ctlr+D>组合键取消选区，设置图层的"不透明度"为50%，效果如图5-52所示。

（2）图层样式的应用——为贺卡添加设计元素

1）打开素材文件夹中的"中国结.tif"，选择"移动工具"[ ]，拖动图像到背景图像窗口中，命名该图层为"中国结"，按<Ctrl+T>组合键进行自由变换至合适大小，效果如图5-53所示。

图 5-52　　　　　　　　　　　　　　　　　　图 5-53

2）双击图层，打开"外发光"设置面板，设置"不透明度"为 75%，发光颜色为黄色（R：255、G：255、B：1），如图 5-54 所示。

3）单击"确定"按钮，效果如图 5-55 所示。

小贴士：

自由变换命令可以对图像进行缩放、旋转和移动等变换操作，在对图像进行缩放变换操作时，当单击选项栏中的"链接"按钮后，在"W（宽度）"输入框中输入变换比例，则"H（高度）"值也会以同样的比例进行变换，这样就可以对图像进行等比例缩放。

图 5-54　　　　　　　　　　　　　　　　　　图 5-55

4）打开素材文件夹中的"花纹.tif"，选择"移动工具" ，拖动图像到背景图像窗口中，命名该图层为"花纹"，按<Ctlr+T>组合键进行自由变换至合适大小，用"橡皮擦工具" 擦除多余部分。打开素材文件夹中的"祥云.tif"，拖动图像到背景图像窗口中，命名该图层为"祥云"，效果如图 5-56 所示。

5）选择工具箱中的"横排文字工具"，设置属性栏上的"字体"为"方正流行简体"，"大小"为 60，"颜色"为黄色（R：255、G：210、B：0），在图像窗口中输入"贺"字，按<Ctrl+Enter>组合键确定，效果如图 5-57 所示。

图 5-56   图 5-57

6）双击"贺"文字图层，打开"描边"设置面板，设置"大小"为9像素，"颜色"为黑色（R：0、G：0、B：0），如图 5-58 所示。

7）单击"确定"按钮，效果如图 5-59 所示。

图 5-58   图 5-59

8）选择工具箱中的"横排文字工具"，设置属性栏上的"字体"为"汉仪中楷见"，"大小"为 25，"颜色"为黄色（R：255、G：210、B：0），在图像窗口中输入"新年"二字，按<Ctrl+Enter>组合键确定，效果如图 5-60 所示。

图 5-60

9）新建"图层 3"，选择工具箱中的"钢笔工具" ，按住<Shift>键绘制两条直线，在属性栏上设置"颜色"为（R：255、G：210、B：0），打开"路径"面板，执行"用画笔描边路径" 命令，给直线描边，如图 5-61 所示。

10）打开素材文件"边框.tif"，选择"移动工具"，拖动图像到背景图像窗口中，生成"边框"，如图 5-62 所示。

图 5-61　　　　　　　　　　　　　　　　　　图 5-62

11）按住<Alt>键并向左拖动，复制出副本图层，按<Ctrl>键单击缩略图，载入选区。选择工具箱中的"渐变工具"，打开"渐变编辑器"窗口，设置渐变颜色，如图 5-63 所示。

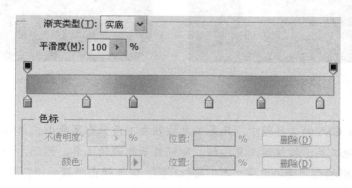

图 5-63

12）单击"确定"按钮，按住<Shift>键从上到下填充线性渐变，把"边框副本"图层移动至"边框"图层的下方，效果如图 5-64 所示。

13）打开素材文件"羊.tif"，拖动到背景图像窗口中，生成"羊"，双击图层，打开"外发光"设置面板，设置"不透明度"为 55%，发光颜色为（R：255、G：240、B：0），"扩展"为 12%，"大小"为 21 像素，如图 5-65 所示。

14）单击"确定"按钮，效果如图 5-66 所示。

15）选择工具箱中的"横排文字工具"，设置属性栏上的"字体"为"方正粗倩繁体"，"大小"为 13 点，仿斜体，"颜色"为黄色（R：232、G：214、B：9），在图像窗口中输入文字，按<Ctrl+Enter>组合键确定，效果如图 5-67 所示。

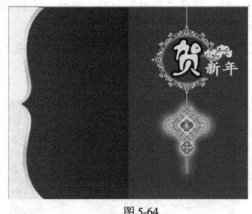

图 5-64

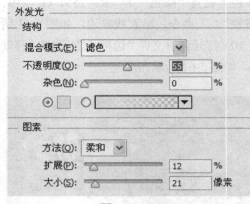

图 5-65

图 5-66

图 5-67

小贴士：

在 Photoshop CS6 的工具箱中，凡是工具按钮右下角带有黑色小三角形的，均表示该按钮下还隐藏有其他工具，按住该工具按钮，即可显示隐藏的工具。因此，如果需要找"直排文字工具" ，则按住"横排文字工具"按钮 ，即可弹出隐藏的"直排文字工具"按钮。

16）新建"图层 4"，设置"前景色"为黄色（R：255、G：222、B：0），选择工具箱中的"椭圆工具" ，单击属性栏上的"填充像素"按钮，按住<Shift>键并在图像窗口中绘制正圆，如图 5-68 所示。

17）选择工具箱中的"椭圆选框工具"，载入"图层 4"选区。单击鼠标右键，在弹出的快捷菜单中执行"变换选区"命令，调出"自由变换"调节框，按住<Shift+Alt>组合键向内拖动控制点，等比缩小选区，如图 5-69 所示。

18）按<Enter>键确定，按<Delete>键删除选区内的像素，如图 5-70 所示。

19）单击"图层"面板底部的"添加图层蒙版" 按钮，选择"画笔工具"，在蒙版中涂抹，隐藏部分图像，如图 5-71 所示。

图 5-68

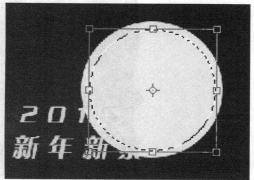

图 5-69

图 5-70

图 5-71

20）选择工具箱中的"横排文字工具"，设置属性栏上的"字体"为"黑体"，"大小"为 5 点，"颜色"为黄色（R：232、G：214、B：9），在图像窗口中创建段落文本，如图 5-72 所示。

21）新建"图层 5"，选择"钢笔工具"绘制直线，并为直线描边，效果如图 5-73 所示。

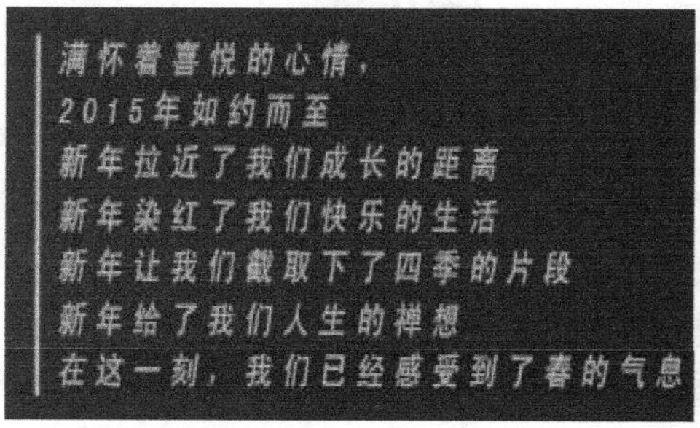

图 5-72

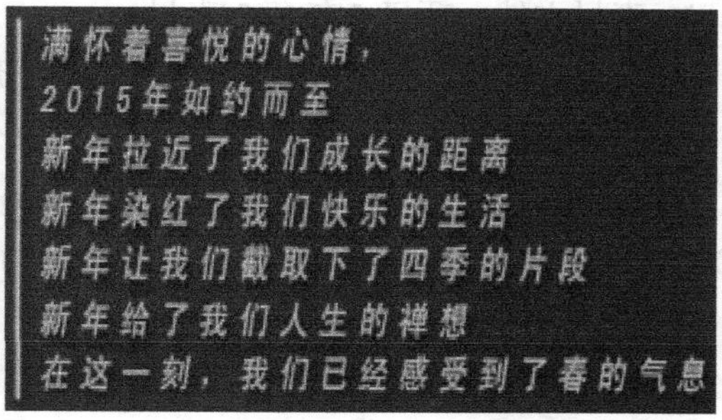

图 5-73

22）把"图层 5"向下合并，打开"图层样式"对话框，勾选"投影"复选框，参数设置不变，最终效果如图 5-74 所示。

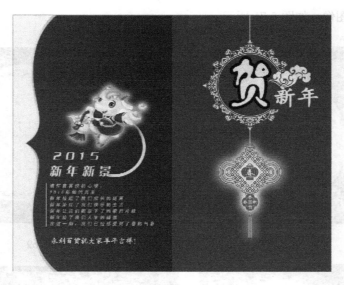

图 5-74

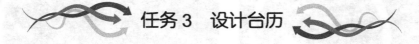
任务3 设计台历

1. 任务背景

台历和挂历是国内外各行各业的必需品，其制作和印刷是宣传企业产品与品牌的一种方式，争取将自己的企业品牌与产品第一时间传递给客户。此外，许多人将家人的照片制成挂历，这既是一份有意义的纪念品，也是一份时尚的礼品。台历和挂历不仅是一种日期提示和查询工具，它逐渐演变成了一种装饰角色。

2. 跟我做——设计台历

本方案在实施过程中，重点是台历的版面设计，主要应用文字工具和自由变换命令，其效果如图 5-75 所示。

> 素材文件：项目 5/任务 3/素材

> 效果图文件：项目 5/任务 3/效果图/台历.psd

（1）制作背景图案

1）新建一个宽度为 500 像素，高度为 420 像素，分辨率为 72 像素，背景颜色为灰色（#474747）的文件。

2）新建一个图层，激活"矩形选框工具" ▭ 并绘制一个矩形，填充颜色#c1ffff，如图 5-76 所示。再新建一个图层，使用"多边形套索工具"创建如图 5-77 所示的选区。

3）用颜色#d6d2a2 填充选区，调整"不透明度"为 33%，效果如图 5-78 所示。

图 5-75

图 5-76

图 5-77

图 5-78

4）打开"素材"目录下的"宝宝.jpg"文件，运用"魔棒工具" 将白色背景擦除，然后将该图像拖到背景文件中，生成"图层 3"，调整大小和方向，如图 5-79 所示。

（2）输入并设置文字

1）激活"文字工具" **T** ，设置字体为"HoboStd"，颜色为黑色，　用文字工具输入文字"HAPPY 2015"，放在图像的左侧，如图 5-80 所示。

图 5-79

图 5-80

2）输入"SUN MON TUE WED THU FRI SAT"和"1 2 3 4 5 6 7 8 9 10…30 31"，左右两端为周日和周六并将其设置为红色（#FB0606），其他为黑色，如图 5-81 所示。

3）继续使用文字工具输入字符"02"，设置为红色（#f7bdbd），如图 5-82 所示。

图 5-81

图 5-82

87

4）在"图层"面板中新建"组1"，将除背景图层以外的所有图层放在"组1"中，此时"图层"面板如图5-83所示。

图5-83

小贴士：

将多个图层创建为图层组，可以方便对图层的管理，例如，移动、旋转、复制组中的所有图层，而如果要单独编辑组中的某一个图层，则展开图层，激活要编辑的图层进行编辑，组中的其他图层不会受到影响。

（3）复制、变形调整日历翻页效果

1）在"图层"面板的"组1"中，单击鼠标右键，在弹出的快捷菜单中执行"复制组"命令，弹出"复制组"对话框，复制"组1"为"组2"，如图5-84所示。

2）选择"组2"，单击鼠标右键，在弹出的快捷菜单中执行"转换为智能对象"命令。按<Ctrl+T>组合键，单击鼠标右键，在弹出的快捷菜单中执行"变形"命令，调整日历页形状，如图5-85所示。

图5-84

图5-85

小贴士：

变形命令是在 Photoshop CS4 版本后新增的一个图像变形命令，该命令有更灵活、自由的变换功能，可以不受键盘的约束对图像进行变形。唯一不足的是，使用该命令时，不能进行旋转操作。此外，当使用该命令时，单击鼠标右键可以弹出快捷菜单，可以与其他变换命令直接进行切换。

3）双击"组2"图层，打开"图层样式"对话框，勾选"投影"复选框，其设置和效果如图5-86和图5-87所示。

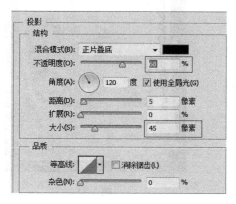

图 5-86　　　　　　　　　　　　　　　　图 5-87

（4）制作挂历卷轴

1）选择画笔工具，在"画笔"面板中进行设置，如图5-88所示。

2）新建一个图层，激活"钢笔工具" ，创建一条直线路径1，打开"路径"面板，单击"用画笔描边路径"按钮 ，效果如图5-89所示。

图 5-88　　　　　　　　　　　　　　　　图 5-89

89

3）用"钢笔工具"创建如图 5-90 所示的路径 2，然后同样新建一个图层，用"白色"前景色的画笔描边，效果如图 5-91 所示。

4）按<Ctrl+Alt+T>组合键，运用变换命令，将白色卷轴往右移动到合适位置，如图 5-92 所示。单击"确定"按钮应用变换，按住<Ctrl+Alt+Shift+T>组合键，对图形进行再制，台历的最终效果如图 5-93 所示。

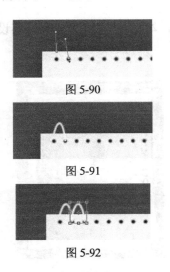

图 5-90

图 5-91

图 5-92

图 5-93

任务4　设计个人名片

1. 任务背景

名片是个人、企事业单位进行信息交流的一种工具，对于人际交往有着至关重要的作用。本任务就是为某企业的老总设计一款名片。

2. 自己动手——设计个人名片

根据操作提示，读者自己动手完成，以检验对相关知识的掌握程度，名片最终效果如图 5-94 所示。

图 5-94

➢ 素材文件：项目 5/任务 4/素材

➢ 效果图文件：项目 5/任务 4/效果图/名片设计.psd

操作提示如下：

1）新建"宽度"为 9 厘米、"高度"为 5.5 厘米、"分辨率"为 300 像素/英寸、图像背景为#6e6e6e 的图像文件。

2）使用"矩形工具"绘制名片正面背景图，并填充"树叶图案纸"。

3）使用"矩形选框工具"制作名片上方线条。

4）使用"椭圆选框工具"绘制正圆，并填充透明到蓝色的渐变。

5）显示网格，用单行、单列选框工具，按住<Shift>键创建多行、多列选区并填充；使用"魔棒工具"，按<Shift>键创建相间的小方格，并填充颜色。

6）打开"素材"目录下的"LOGO.jpg"文件，添加到背景图像中。

7）最后，使用"文字工具"输入相关文字即可。

项目 6　设计包装

包装是品牌理念、产品特性、消费心理的综合反映，它直接影响消费者的购买欲，是建立产品与消费者亲和力的有力手段。包装作为实现商品价值和使用价值的手段，其功能是保护商品、传达商品信息、方便使用、方便运输、促进销售和提高产品的附加值。

本项目将讲解日常消费品花茶包装、月饼包装和调味品包装设计，重点介绍包装箱和包装盒的设计方法与技巧。

 任务 1　设计花茶包装

1. 任务背景

茶叶是很多人都喜爱的饮品，同时又是人们造访亲朋好友的佳礼。那么，针对茶叶的包装设计就特别注重包装外表的美观。如何从造型、图案、色彩方面继承中国传统文化特色；如何又能与现代文化接轨；如何才能迎合广大的国内外消费者，使茶叶包装为人们的生活带来便利和趣味，这些是茶叶包装设计的关键。

2. 跟我做——设计花茶包装

本方案在实现过程中，重点是色彩的搭配和图像的导入，主要使用渐变工具、矩形工具、移动工具、钢笔工具以及文字工具，其包装设计效果如图 6-1 所示。

图 6-1

➢ 素材文件：项目 6/任务 1/素材

➢ 效果图文件：项目 6/任务 1/效果图/花茶包装设计效果图.psd

（1）渐变工具、矩形选框工具的应用——制作花茶正面背景图像

1）新建"宽度"为 18 厘米、"高度"为 17 厘米、"分辨率"为 300 像素/英寸、图像背景色为任意颜色、"名称"为花茶包装设计的图像文件，如图 6-2 所示。

2）选择"渐变工具" ，设置白色（R：250、G：221、B：186）到黄色（R：248、G：149、B：33）的渐变，单击"确定"按钮，如图 6-3 所示。

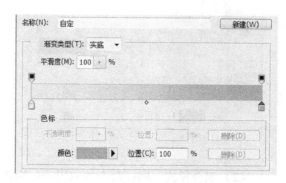

图 6-2 　　　　　　　　　　　　　　　图 6-3

3）选择"径向渐变"方式 ，在背景层中从中间到右下角倾斜拖动鼠标填充渐变色，效果如图 6-4 所示。

4）单击"图层"面板底部的"创建新图层"按钮，新建"图层 1"。选择"矩形选框工具" ，在图像窗口中拖移并定义矩形选区，如图 6-5 所示。

图 6-4 　　　　　　　　　　　　　　　图 6-5

5）选择"渐变工具" ，设置白色（R：250、G：221、B：186）到黄色（R：248、G：149、B：33）到黑色（R：38、G：24、B：6）的渐变，单击"确定"按钮，如图 6-6 所示。

6）选择"径向渐变"方式 ，在背景层中从左下角到右上角倾斜拖动鼠标填充渐变色，效果如图 6-7 所示。

小贴士：

"渐变工具"在蒙版中的使用是很常见的，通常用黑白渐变显示与隐藏图像，并可以设置不同的图层混合模式以达到不同的效果。

图 6-6

图 6-7

（2）混合模式、路径命令的应用——为花茶包装添加设计元素

1）执行"文件"→"打开"命令，打开素材文件"祥云.jpg"。选择"移动工具" ，拖动图像到"渐变背景"图像窗口中，并设置图层的混合模式为"柔光"，效果如图 6-8 所示。

2）新建"图层 3"，选择"矩形选框工具" ，单击属性栏上的"添加到选区"按钮，在图像窗口左侧拖动并定义矩形选区，如图 6-9 所示。

图 6-8

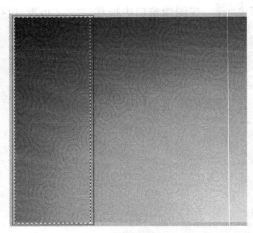

图 6-9

3）选择"渐变工具" ，单击属性栏上的"编辑渐变"按钮，打开"渐变编辑器"窗口，设置灰色（R：85、G：59、B：47）到淡绿色（R：154、G：136、B：100）的渐变，单击"确定"按钮，如图 6-10 所示。

4）选择"径向渐变"方式 ，在图层 3 中从下到上拖动鼠标填充渐变色，效果如图 6-11 所示。

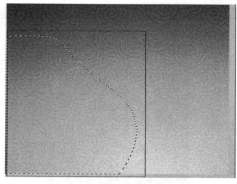

图 6-10   图 6-11

小贴士：

　　属性栏上有"径向渐变" ■ 按钮和"线性渐变" ■ 按钮等不同的渐变类型按钮，可以根据需要绘制不同的渐变色。

　　5）新建"图层4"，选择"钢笔工具" ✎ ，单击属性栏上的"路径"按钮，在图像窗口左下角绘制路径。按<Ctrl+Enter>组合键，将路径转换成选区，如图6-12所示。

　　6）选择"渐变工具" ■ ，单击属性栏上的"编辑渐变"按钮，打开"渐变编辑器"窗口，设置浅灰色（R：207、G：121、B：84）到灰色（R：126、G：70、B：45）的渐变，单击"确定"按钮，效果如图6-13所示。

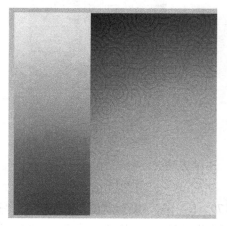

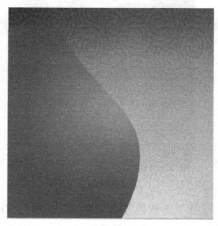

图 6-12   图 6-13

　　7）按<Ctrl+Alt+T>组合键，调出"自由变换"调节框，按住<Shift>键，向外拖动控制点，等比例扩大复制出副本图层，按住<Ctrl>键并单击图层缩略图，载入其选区，勾选属性栏上的"反向"复选框，在图像窗口中拖动填充渐变色，并按<Ctrl+D>组合键取消选区，将副本图层至"图层4"下方，效果如图6-14所示。

　　（3）添加花茶包装设计图片与输入文字

　　1）执行"文件"→"打开"命令，打开素材图片"牡丹.jpg"。选择"移动工具" ✛ ，拖动图像到渐变背景图像窗口中，并设置图层的混合模式为"柔光"，效果如图6-15所示。

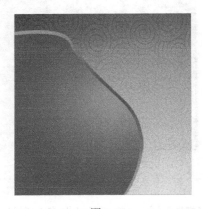

图6-14

图6-15

2）执行"文件"→"打开"命令，打开素材图片"花.jpg"和"百合.jpg"。选择"移动工具" ，拖动图像到渐变背景图像窗口中，并放至合适的位置，单击"添加图层蒙版"按钮，为图层添加蒙版，选择"画笔工具" ，涂抹隐藏部分图像，如图6-16所示。

3）继续执行"文件"→"打开"命令，打开素材图片"封条.jpg"。选择"移动工具" ，拖动图像到渐变背景图像窗口中，如图6-17所示。

图6-16

图6-17

4）设置"前景色"为棕色（R：225、G：179、B：63），新建"图层9"，选择"矩形工具" ，单击"填充图像"按钮，在图像窗口中拖动鼠标绘制矩形，如图6-18所示。

5）新建"图层10"，并设置"前景色"为棕色（R：36、G：14、B：3），选择"矩形工具" ，单击"填充图像"按钮，在图像窗口中继续拖动鼠标绘制矩形，如图6-19所示。

6）选择"横排文字工具" ，设置属性栏上的"字体"为"华文行楷"，"大小"为36.08，"颜色"为黑色，在图像窗口中输入文字"花茶"，按<Ctrl+Enter>组合键确定，效果如图6-20所示。

7）执行"图层"→"图层样式"→"渐变叠加"命令，打开"渐变叠加"设置面板，设置"渐变"为红色到深红色，如图6-21所示。

图 6-18

图 6-19

图 6-20

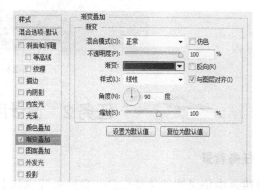

图 6-21

8）单击"确定"按钮并载入文字图层选区，如图 6-22 所示。

9）执行"选择"→"修改"→"扩展"命令，设置"扩展量"为 8 像素，单击"确定"按钮，效果如图 6-23 所示。

图 6-22

图 6-23

10）选择"渐变工具" ，设置淡黄色（R：243、G：242、B：118）到橙黄色（R：245、G：163、B：47）的渐变，单击属性栏上的"线性渐变"按钮，在图像窗口中从下往上拖动填充渐变色。按<Ctrl+D>组合键取消选区，并将其置于文字图层的下方，最终效果如图 6-24 所示。

图 6-24

任务 2　设计月饼包装

1. 任务背景

月饼是中华民族的传统食品，象征着圆满和幸福，有着两千多年的历史渊源。每到合家欢乐的中秋佳节，月饼是国人馈赠亲友的首要礼品，因此人们常用月饼来象征团圆、关怀、欢聚、喜庆和吉祥等美好的寓意。作为沟通情感的特殊载体，月饼在此起到了融洽感情的桥梁和纽带作用。

2. 跟我做——设计月饼包装

本方案在实现过程中，重点是图案的设计以及颜色和文字的搭配，主要使用渐变工具、移动工具、钢笔工具以及文字工具，其包装设计效果如图 6-25 所示。

图 6-25

➢ 素材文件：项目 6/任务 2/素材

➢ 效果图文件：项目 6/任务 2/效果图/花茶包装设计效果图.psd.

（1）渐变工具、矩形工具的应用——制作月饼包装背景

1）新建"宽度"为 18 厘米、"高度"为 16 厘米、"分辨率"为 300 像素/英寸、图像背景色为任意颜色、"名称"为月饼包装设计的图像文件，如图 6-26 所示。

2）选择"渐变工具" 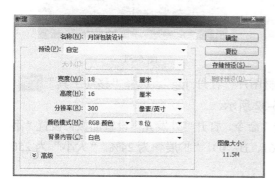，设置红色（R：252、G：2、B：20）到深红色（R：123、G：3、B：6）的渐变，单击"确定"按钮，如图 6-27 所示。

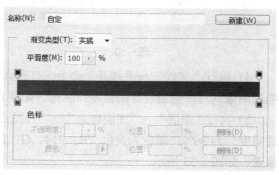

图 6-26　　　　　　　　　　　　　　　　图 6-27

3）选择"径向渐变"方式 ，在背景层中从中间到右下角倾斜拖动鼠标填充渐变色，效果如图 6-28 所示。

（2）图层样式的应用——为月饼包装背景添加设计元素

1）执行"文件"→"打开"命令，打开素材图片"雕花.jpg"。选择"移动工具" ，拖动图像到月饼包装设计图像窗口中，如图 6-29 所示。

图 6-28　　　　　　　　　　　　　　　　图 6-29

2）执行"图层"→"图层样式"→"斜面和浮雕"命令，打开"斜面和浮雕"设置面板，设置"样式"为枕状浮雕，"深度"为 20%，"大小"为 1 像素，"软化"为 0 像素，如图 6-30 所示。

3）单击"确定"按钮，效果如图6-31所示。

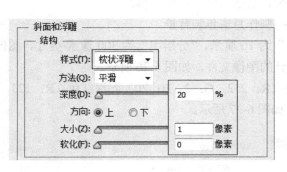

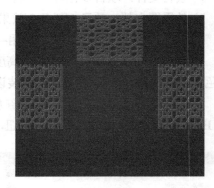

图6-30　　　　　　　　　　　　　　　　　　图6-31

4）执行"文件"→"打开"命令，打开素材图片"牡丹.jpg"。选择"移动工具" ，拖动图像到月饼包装设计图像窗口底部，如图6-32所示。

5）执行"图层"→"图层样式"→"外发光"命令，打开"外发光"设置面板，设置"不透明度"为36%，颜色为黄色（R：214、G：161、B：0），"扩展"为24%，"大小"为250像素，如图6-33所示。

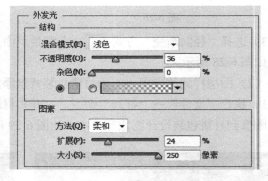

图6-32　　　　　　　　　　　　　　　　　　图6-33

小贴士：

选择"移动工具" ，按住<Alt>键也可以拖动复制出副本图层；
单击"填充像素" 按钮后，绘制的图像会自动填充前景色。

6）新建"图层3"，选择"钢笔工具" ，单击属性栏上的"路径"按钮，在图像窗口中绘制路径并按<Ctrl+Enter>组合键将路径转化为选区，设置前景色为黄色（R：214、G：161、B：0），按<Alt+Delete>组合键填充前景色，效果如图6-34所示，再按<Ctrl+D>组合键取消选区。

7）执行"图层"→"图层样式"→"投影"命令，打开"投影"设置面板，设置"大小"为9像素。

8）勾选"内发光"复选框，在"内发光"设置面板中设置"阻塞"为0%，"大小"为84像素，如图6-35所示。

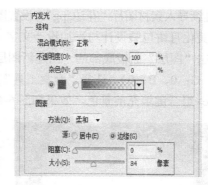

图 6-34 　　　　　　　　　　　图 6-35

9）勾选"描边"复选框，在"描边"设置面板中设置"颜色"为黄色（R：200、G：152、B：5），如图 6-36 所示。

10）单击"确定"按钮，效果如图 6-37 所示。

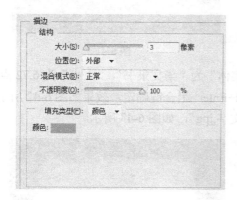

图 6-36 　　　　　　　　　　　图 6-37

11）执行"文件"→"打开"命令，打开素材图片"藤蔓.jpg"。选择"移动工具" ，拖动图像到图像窗口中，如图 6-38 所示。

12）执行"文件"→"打开"命令，打开素材"小孩.jpg"。选择"移动工具" ，拖动图像到月饼包装设计图像窗口中，设置图层的混合模式为"正片叠底"，效果如图 6-39 所示。

图 6-38 　　　　　　　　　　　图 6-39

101

13）继续导入素材图片"花边.jpg"。设置图层的混合模式为"叠加"，效果如图6-40所示。

（3）美化月饼包装设计与添加设计文字

1）单击"图层"面板底部的"创建新图层"按钮，新建"图层10"，设置前景色为红色（R：255、G：0、B：0），选择"套索工具" ，在图像窗口中拖动鼠标绘制选区，并按<Alt+Delete>组合键填充前景色，效果如图6-41所示，再按<Ctrl+D>组合键取消选区。

图 6-40   图 6-41

2）选择"直排文字工具" T，设置"字体"为"华文隶书"，"大小"为6.72点，"颜色"为白色，在图像窗口中输入文字并按<Ctrl+Enter>组合键确定，效果如图6-42所示。

3）使用同样的方法继续导入素材图片"文字.jpg"，如图6-43所示。

图 6-42   图 6-43

小贴士：

文字图层要在"栅格化"后才能使用"渐变工具"填充渐变色。

4）执行"图层"→"图层样式"→"外发光"命令，打开"外发光"设置面板，设置发光颜色为白色，"扩展"为16%，"大小"为13像素，如图6-44所示。

5）勾选"渐变叠加"复选框，在"渐变叠加"设置面板中设置"渐变"为深红色到红色，如图6-45所示。

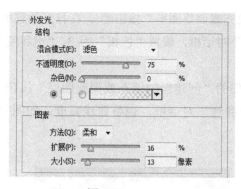

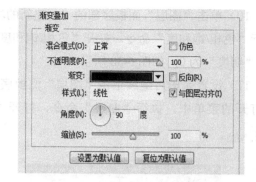

图 6-44   图 6-45

6）勾选"描边"复选框，在"描边"设置面板中设置"大小"为 2 像素，"颜色"为白色，如图 6-46 所示。

7）单击"确定"按钮，效果如图 6-47 所示。

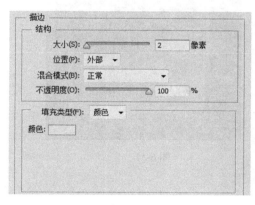

图 6-46   图 6-47

8）执行"文件"→"打开"命令，打开素材图片"诗文.jpg"。选择"移动工具" ，拖动图像到月饼包装设计图像窗口的左下角，如图 6-48 所示。

9）执行"文件"→"打开"命令，打开素材图片"秋夕.jpg"。选择"移动工具" ，拖动图像到月饼包装设计图像窗口的右上角，如图 6-49 所示。

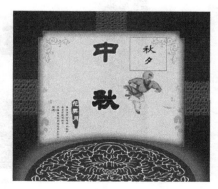

图 6-48   图 6-49

103

10）单击"图层"面板底部的"创建新的填充或调整图层"按钮 ⊘，在打开的菜单中，执行"色相/饱和度"命令，打开"色相/饱和度"对话框，设置"色相"为 3、"饱和度"为 40、"明度"为 0，如图 6-50 所示。

11）设置完毕后继续单击"图层"面板底部的"创建新的填充或调整图层"按钮 ⊘，在打开的菜单中，执行"曲线"命令，打开"曲线"对话框，调整曲线弧度，如图 6-51 所示。

图 6-50

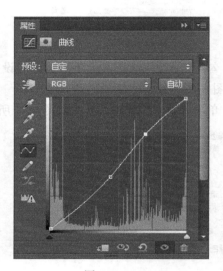
图 6-51

12）调整完毕后，最终效果如图 6-52 所示。

图 6-52

任务3　设计调味品包装

1. 任务背景

随着我国市场经济的飞速发展，人民生活水平的大幅提高，人们对于吃食的质量要求也越来越高，因此烹饪调料与人们的日常生活更加息息相关。从有饮食文化的那一天起，就有了烹饪调料，烹饪调料的包装，是其在生产和销售中不可分割的一部分。

2. 自己动手——设计调味品包装

本任务是本项目的拓展训练，读者可根据操作提示，自己动手来完成调味品包装的设计，以检验对相关知识的掌握情况，其最终效果如图6-53所示。

图6-53

➤ 素材文件：项目6/任务3/素材

➤ 效果图文件：项目6/任务3/效果图/调味品包装效果图.psd

操作提示如下：

1）新建"宽度"为16厘米、"高度"为18厘米、"分辨率"为300像素/英寸、图像背景色为任意颜色、"名称"为调味品包装设计的图像文件。

2）应用渐变色、动感模糊、画笔、图层样式、路径以及其他效果文字。

3）调用"小猪.jpg""排骨.jpg"和"鸡腿.jpg"等素材，然后使用选择工具结合色彩校正命令对素材进行处理。

4）将合成的图像存储为"调味品包装设计.psd"文件。

项目 7　设计书籍装帧

书籍装帧设计是指从书籍文稿到成书出版的整个设计过程，也是完成从书籍形式的平面化到立体化的过程，它包含了艺术思维、构思创意和技术手法的系统设计和书籍的开本、装帧形式、封面、腰封、字体、版面、色彩、插图，以及纸张材料、印刷、装订及工艺等各个环节的艺术设计。书籍是一种信息传递的媒介，也是一种大众化的读物，世界各地每天都出版很多书籍，封面的表现对于书籍来说非常重要，书籍封面的设计必须要有相当的艺术感染力，要调动形象、色彩、构图和形式感等因素形成强烈的视觉效果，以提高书籍的内涵。

本项目将以小说封面、小说封底、杂志插页和艺术封面设计为实例，为读者详细介绍书籍装帧设计的方法、过程和实现技巧。

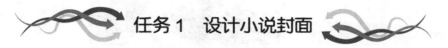

任务 1　设计小说封面

1. 任务背景

封面是装帧艺术的重要组成部分，犹如音乐的序曲，是把读者带入内容的向导。在设计之余，感受设计带来的魅力，感受设计带来的烦忧，感受设计的欢乐。在封面设计过程中要遵循平衡、韵律与调和的造型规律，突出主题，大胆设想，运用构图、色彩、图案等知识，设计比较完美、典型且富有情感的封面，提高设计应用的能力。封面设计效果图虽不是纯艺术品，但必须有一定的艺术魅力，便于同行和生产部门理解其意图。优秀的封面设计图本身是一件好的装饰品，它融艺术与技术为一体。

某网络小说作家在网上发表了一部小说后，发现点击率还不错，于是将作品寄给了出版社，出版社决定出版，需要该作家提供一个小说封面，要求该封面能吸引读者的眼球，突出小说主题，页面美观、大方。

2. 跟我做——设计小说封面

本方案在实施过程中，重点是运用"高斯模糊"命令制作效果，运用"色相/饱和度"命令调整图像颜色，然后导入主题素材图片，最后添加文字和装饰，完成本实例的制作，其效果如图 7-1 所示。

图 7-1

➤ 素材文件：项目 7/任务 1/素材

➤ 效果图文件：项目 7/任务 1/效果图/小说封面.psd

1）新建"小说封面.psd"文件，如图 7-2 所示。

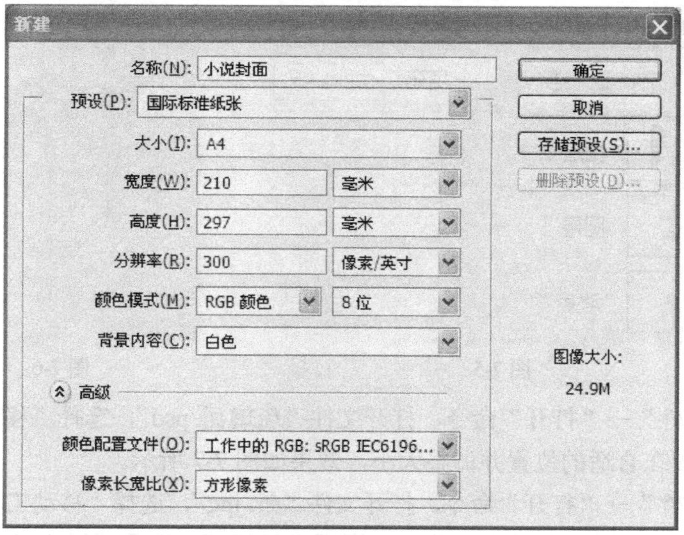

图 7-2

2）设置背景色为浅粉色（R：233，G：217，B：217），效果如图 7-3 所示。

3）单击"图层"面板底部的"创建新图层"按钮 ，新建"图层 1"，设置前景色为浅粉色（R：249，G：176，B：186），使用"矩形选框"工具 ，在封面中绘制矩形并填充前景色，效果如图 7-4 所示。

图 7-3

图 7-4

小贴士：

单击"填充像素"按钮后，绘制的图像会自动填充前景色。

4）执行"文件"→"打开"命令，打开文件"墨迹.psd"，选择"移动工具"，拖动图像到封面中，并在"图层"面板顶部设置图层的混合模式为"叠加"，如图 7-5 所示，完成后的效果如图 7-6 所示。

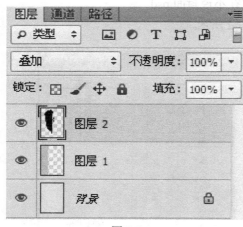
图 7-5

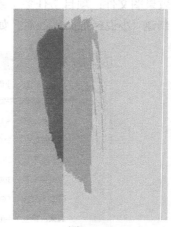
图 7-6

5）执行"文件"→"打开"命令，打开文件"琉璃瓦.psd"，选择"移动工具"，拖动图像到封面中，放置在合适的位置并调整大小，效果如图 7-7 所示。

6）执行"文件"→"打开"命令，打开文件"景.jpg"，选择"移动工具"，拖动图像到封面中并调整大小，放置在合适的位置。在"图层"面板顶部设置图层的混合模式为"变暗"、"不透明度"为"60%"，如图 7-8 所示。完成后的效果如图 7-9 所示。

7）执行"文件"→"打开"命令，打开文件"古筝.psd"，选择"移动工具"，拖动图像到封面中，调整大小并旋转，然后放置在合适的位置。在"图层"面板顶部设置图层的混合模式为"叠加"，完成后的效果如图 7-10 所示。

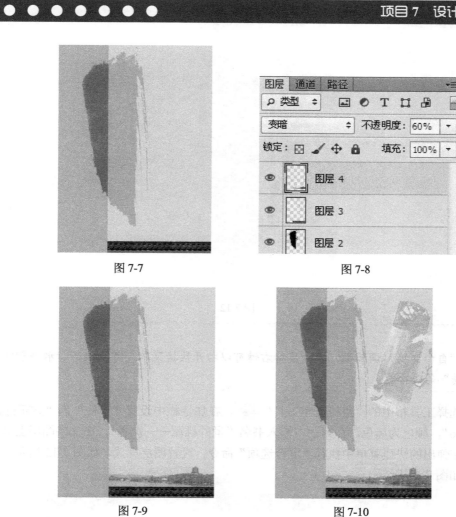

图 7-7   图 7-8

图 7-9   图 7-10

8）执行"文件"→"打开"命令，打开文件"云.tif"，选择"移动工具"，拖动图像到封面中并调整大小。在"图层"面板顶部设置图层的混合模式为"滤色"，效果如图 7-11 所示。

图 7-11

9）按住<Alt>键并拖动图层"云"至封面下方，即可快速复制"图层 6 副本"，执行"编辑"→"变换"→"水平翻转"命令后，效果如图 7-12 所示。

109

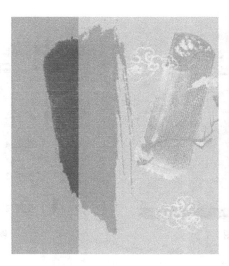

图 7-12

小贴士：

　　调出"自由变换"调节框，单击鼠标右键可以打开快捷菜单，可以执行"水平翻转"或"垂直翻转"等命令。

　　10）选择工具箱中的"直排文字工具" ↓T，在属性栏中设置"字体"为"方正舒体"，字号为"36"，颜色为黑色，在封面中输入书名"世外桃源——沉香"，在文字图层上单击鼠标右键，在弹出的快捷菜单中执行"混合选项"命令，设置图层样式，如图 7-13 所示。完成后的效果如图 7-14 所示。

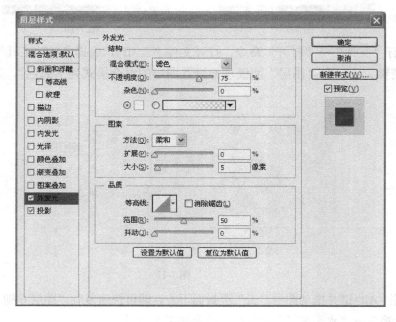

图 7-13

11）选择工具箱中的"直排文字工具"↓T，在属性栏中设置"字体"为"华文行楷"，字号为"24"，颜色为黑色，在封面中输入"中华文学出版社"，完成后的效果如图 7-15 所示。

图 7-14

图 7-15

12）选择工具箱中的"直排文字工具"↓T，在属性栏中设置"字体"为"隶书"，字号为"120"，颜色为黑色，在封面中输入书名"世外高人"，在文字图层上单击鼠标右键，在弹出的快捷菜单中执行"混合选项"命令，设置图层样式，如图 7-16 所示。完成后的效果如图 7-17 所示。

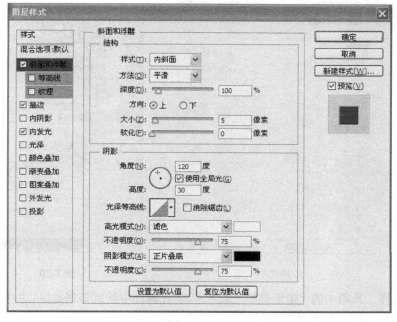

图 7-16

111

13）单击"图层"面板底部的"创建新的填充图层"按钮 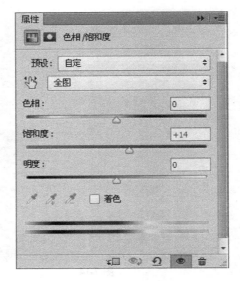，在打开的菜单中执行"色相/饱和度"命令，在打开的面板中设置参数，具体如图 7-18 所示。

图 7-17

图 7-18

14）单击"图层"面板底部的"创建新的填充图层"按钮 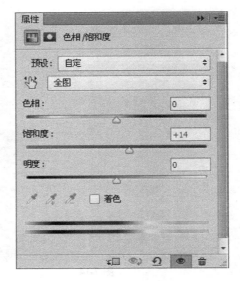，在打开的菜单中执行"照片滤镜"命令，在打开的面板中设置参数，具体如图 7-19 所示。调整完毕后，效果如图 7-20 所示。

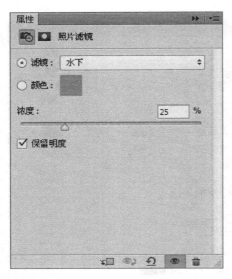

图 7-19

图 7-20

15）选择工具箱中的"矩形选框工具" ，在封面中绘制矩形选区，并按<Ctrl+Shift+I>组合键，反向选区，如图 7-21 所示。

16）在"图层"面板中单击"新建图层"按钮 ，新建"图层 7"，并给选区填充白色，然后按<Ctrl+D>组合键取消选区，效果如图 7-22 所示。

图 7-21   图 7-22

  17）执行"滤镜"→"模糊"→"高斯模糊"命令，在打开的"高斯模糊"对话框中设置"半径"为 2 像素，如图 7-23 所示。完成后的效果如图 7-24 所示。

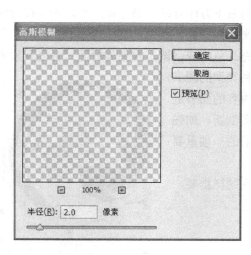

图 7-23   图 7-24

  18）在"图层"面板中设置图层的混合模式为"溶解"，最终效果如图 7-25 所示。

小贴士：

  这里还可以在之前绘制完选区后，按<Ctrl+Alt+D>组合键打开"羽化选区"对话框，设置"羽化半径"后再填充颜色，也能达到边缘模糊的效果。

图 7-25

 任务2 设计小说封底

1. 任务背景

封底,又称封四、底封。图书在封底的右下方印有统一书号和定价,期刊在封底印有版权页,或用来印目录及其他非正文部分的文字和图片。底封,是一本书书皮的底,是图书的重要构成元素,是封面和书脊的延展、补充、总结或强调。封底与封面二者之间紧密关联,相互帮衬,相互补充,缺一不可。无论哪种类型的图书封底,都各有长处和短处。如何针对不同内容的图书进行封底设计,并设法扬其长、弃其短,力图创新,加强艺术感染力,成为摆在图书封面设计者面前的一项重要任务。

设计好封面后,还需要设计封底,封底同样重要,既要延续封面的风格,又要突出自身的特点。

2. 跟我做——设计小说封底

本方案在实施过程中,重点运用"矩形工具"和"画笔工具"制作纹理效果,利用"套索工具"和"文字工具"制作图像效果,利用"蒙版"命令制作效果,运用"图层样式"制作特效。最后,添加文字和装饰,完成本实例的制作,其效果如图 7-26 所示。

图 7-26

> 素材文件：项目 7/任务 2/素材
> 效果图文件：项目 7/任务 2/效果/小说封底.psd

1）新建"小说封底.psd"文件，如图 7-27 所示。

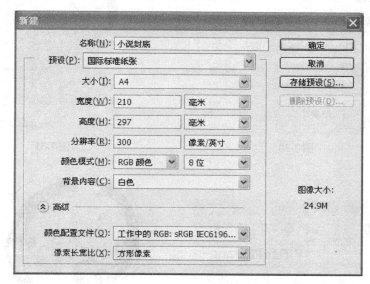

图 7-27

2）设置背景色为浅粉色（R：233，G：217，B：217），效果如图 7-28 所示。

3）打开"水墨.psd"文件，将文件中的墨圈拖至封面中，得到"图层 1"，效果如图 7-29 所示。

图 7-28   图 7-29

4）在"图层"面板顶部设置图层的混合模式为"正片叠底"，如图 7-30 所示。

5）打开"文字.psd"文件，并将文字拖至封面中，得到"图层 2"，如图 7-31 所示。

6）在"图层"面板中将"图层 2"拖至"图层 1"的下面，并设置图层的混合模式为"明度"，并设置"不透明度"为 70%，如图 7-32 所示。完成后的效果如图 7-33 所示。

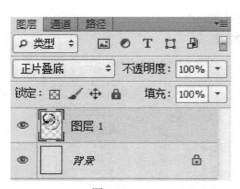

图 7-30

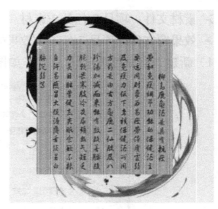

图 7-31

图 7-32

图 7-33

　　7）单击"图层"面板底部的"添加图层蒙版"按钮 ，为"图层 2"添加蒙版，按<D>键恢复默认的前景色和背景色 ，选择"画笔工具"，设置画笔为"柔边圆、200 像素"，在图像窗口中涂抹文字边缘，隐藏部分文字，如图 7-34 所示。

图 7-34

小贴士：

蒙版中黑色表示隐藏，白色表示显示。

8）新建"图层 3"，使用"矩形工具"，通过加减选区绘制出如图 7-35 所示的选区，并填充红色（R：145，G：14，B：1），然后按<Ctrl+D>组合键取消选区，效果如图 7-36 所示。

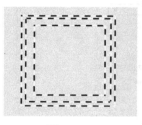

图 7-35

图 7-36

9）选择"横排文字"工具，在属性栏中设置字体为"方正舒体"，字体大小为"60点"，颜色为黑色，在"图层 3"中输入文字"沉香"，并放置在合适的位置，效果如图 7-37 所示。

10）按<Ctrl>键并单击文字图层缩览图，载入选区，选中"图层 3"，执行"选择"→"反向"命令，单击"图层"面板底部的"添加图层蒙版"按钮 ，选择"画笔工具"在印章中涂抹，隐藏部分图像，并单击文字图层的"指示图层可视性"按钮 ，隐藏文字图层，效果如图 7-38 所示。

图 7-37

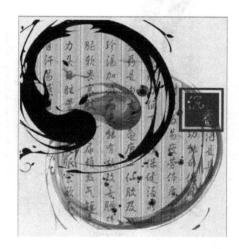

图 7-38

11）在"图层 3"上单击鼠标右键，在弹出的快捷菜单中执行"混合选项"命令，设置图层样式，如图 7-39 所示。完成后的效果如图 7-40 所示。

12）执行"文件"→"打开"命令，打开"梅花.psd"文件，选择"移动工具"，拖动图像到封面中，并在"图层"面板顶部设置图层的混合模式为"正片叠底"，效果如图 7-41 所示。

117

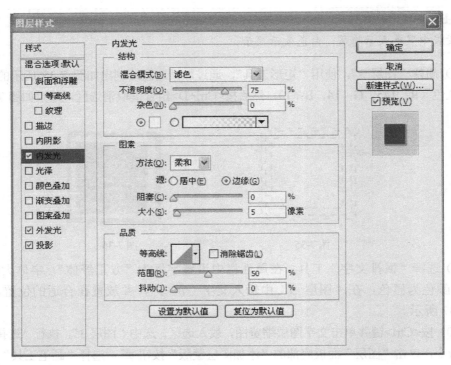

图 7-39

图 7-40

图 7-41

13）执行"文件"→"打开"命令，打开"锦鲤.tif"文件，选择"移动工具"，拖动图像到封面中，放置在合适的位置，并调整大小。在"图层"面板顶部设置图层的混合模式为"柔光"，完成后效果如图 7-42 所示。

14）执行"文件"→"打开"命令，打开"琉璃瓦.psd"文件，选择"移动工具"，拖动图像到封面中，放置在合适的位置，并调整大小，效果如图 7-43 所示。

15）执行"文件"→"打开"命令，打开"ISBN.jpg"文件，选择"移动工具"，拖动图像到封面中，放置在合适的位置，并调整大小，然后在底部输入定价，最终效果如图 7-44 所示。

图 7-42

图 7-43

图 7-44

任务 3 设计杂志插页

1. 任务背景

常说的插页是指媒体广告中的其中一页广告，一般广告商会卖指定的广告位置。常见的封面插页广告、封底插页广告、单页插页广告、跨页插页广告等版面大小，以及专业媒体的插页广告创意都会根据行业特征，结合企业的特色特点，设计与众不同的广告，以达到企业形象提升的目的。插页广告设计从创意到设计，到直接根据委托商要求的格式，提供高分辨率的电子文件，以供客户印刷使用。

　　某舞蹈工作室向杂志社投稿，编辑部要求工作室提供一张插页广告，该工作室在威客网上发布需求信息，要求该插页广告能够体现工作室的特色，且能吸引人眼球。

2. 跟我做——设计杂志插页

　　本方案在实施过程中，重点是画笔的定义和对色彩调整图层的蒙版进行编辑，制作出特殊的视觉效果，最后添加文字和装饰，完成本实例的制作，其效果如图 7-45 所示。

　　➤ 素材文件：项目 7/任务 3/素材
　　➤ 效果图文件：项目 7/任务 3/效果/杂志插页.psd
　　1）打开"素材"目录下的"古典花纹.psd"文件，如图 7-46 所示。

图 7-45　　　　　　　　　　　　　　　　图 7-46

　　2）执行"编辑"→"定义画笔预设"命令，在弹出的"画笔名称"对话框中，设置"名称"为"古典花纹.psd"，然后单击"确定"按钮，如图 7-47 所示。

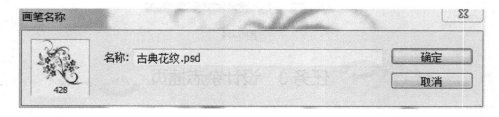

图 7-47

　　3）选择"画笔工具"，执行"窗口"→"画笔"命令，打开"画笔"面板，找到刚才定义的画笔，并打开画笔样式对话框，设置画笔笔尖形状，"大小"设置为 200 像素，如图 7-48 所示；设置形状动态，"大小抖动"设置为 100%，"角度抖动"设置为 100%，如图 7-49 所示；设置散布，勾选"两轴"复选框，并设置为 139%，如图 7-50 所示；设置颜色动态，勾

120

选"应用每笔尖"复选框，"前景/背景抖动"设置为100%，如图7-51所示。

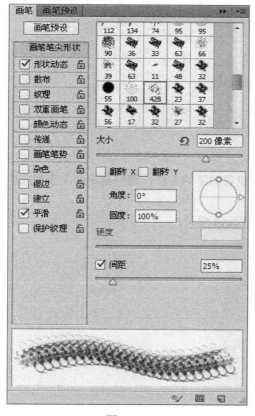

图7-48　　　　　　　　　　　　　　图7-49

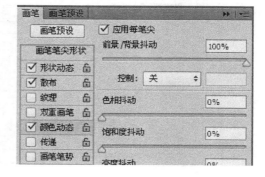

图7-50　　　　　　　　　　　　　　图7-51

4）打开"背景.jpg"文件，如图7-52所示。

5）设置前景色为棕色（R：105，G：0，B：0）、背景色为橙色（R：255，G：240，B：0）。

6）单击"图层"面板底部的"创建新图层" 📄 按钮，新建"图层1"。选择"画笔工具"，在底部进行涂抹，效果如图7-53所示。

121

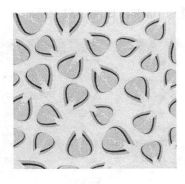

图 7-52   图 7-53

7）涂抹完毕后，新建"图层 2"，按照之前设置画笔的方法，调整画笔的大小和间距，具体如图 7-54 所示。

8）画笔设置完成后，在中部继续涂抹，如图 7-55 所示。

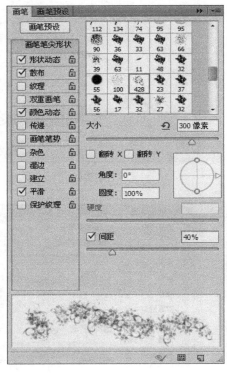

图 7-54   图 7-55

9）按住<Ctrl+Shift>组合键，单击"图层 1"和"图层 2"的缩览图，连续载入选区。

10）选择"矩形选区工具" ⬚，连续按键盘上的<↑>键，将选区稍微往上移。

11）单击"图层"面板底部的"调整图层" ◑ 按钮，在弹出的菜单中执行"色彩平衡"命令。在打开的"色彩平衡"面板中对各参数进行调整，如图 7-56~图 7-58 所示，将图层 1 和图层 2 的色调调绿，效果如图 7-59 所示。

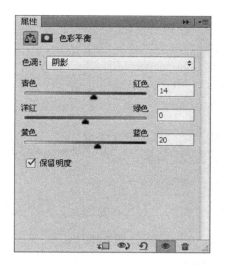

图 7-56

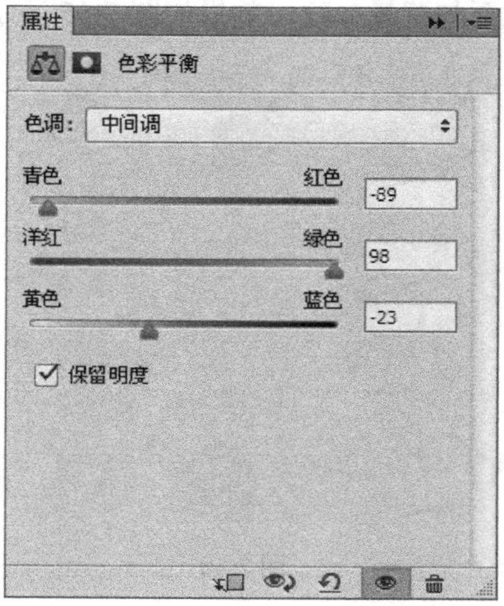

图 7-57

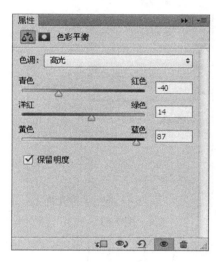

图 7-58

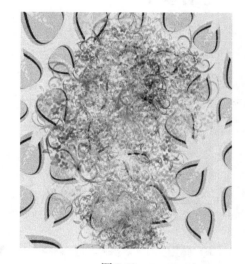

图 7-59

小贴士：

此处还可以通过执行"图像"→"调整"命令，打开"色彩平衡"和"色相/饱和度"等对话框进行设置。

12）打开"舞者.psd"文件，将图中的舞者拖至原文件中，并调整大小，如图 7-60 所示。

13）选择"橡皮工具" ，并设置画笔大小为 19 像素，设置完成后在画面中涂抹，如图 7-61 所示。

14）按住<Ctrl>键，单击"图层 3"的缩览图，载入选区。

15）单击"图层"面板底部的"调整图层" 按钮，在弹出的菜单中执行"色彩平衡"命令。在打开的"色彩平衡"面板中对各参数进行调整，如图 7-62~图 7-64 所示，将人物的

123

色调调整至与背景一致，效果如图 7-65 所示。

图 7-60　　　　　　　　　　　　　　图 7-61

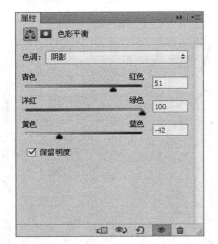

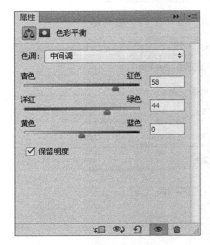

图 7-62　　　　　　　　　　　　　　图 7-63

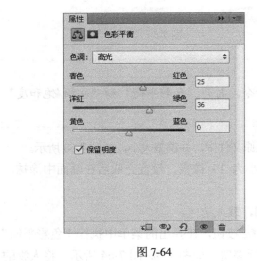

图 7-64　　　　　　　　　　　　　　图 7-65

16）选择"椭圆选区工具" ⬭ ，在属性栏中单击"添加到选区"按钮 ⬚ ，在画面中连续绘制多个椭圆选区，如图 7-66 所示。

17）在"图层"面板中选中"色彩平衡 2"中的蒙版，在工具箱中选择"画笔工具" 🖌 ，并设置画笔大小为 100 像素，完成设置后在画面中涂抹，效果如图 7-67 所示。

图 7-66

图 7-67

18）按<Ctrl+D>组合键，取消选区，使用"椭圆工具"继续绘制椭圆，将前景色设置为白色，使用"画笔工具"进行涂抹，效果如图 7-68 所示。

19）选择"画笔工具"，设置画笔样式为"枫叶" ⬚ ，设置前景色为黑色，新建"图层4"，并在画面中涂抹，如图 7-69 所示。

图 7-68

图 7-69

20）使用"文字工具" T ，设置字体为"华文行楷"，字号为"60"，颜色为黄色（R:255，G:255，B:0），输入相关文字，效果如图 7-70 所示。

21）选中文字图层，单击鼠标右键，在弹出的快捷菜单中执行"混合选项"命令，打开"图层样式"对话框，勾选"描边"和"外发光"复选框，其属性保持默认设置即可，如图 7-71 所示。

图 7-70

图 7-71

22）至此，得到最终效果，如图 7-72 所示。

图 7-72

任务 4 设计艺术封面

1. 任务背景

艺术封面设计风格的形成，是不同的时代思潮和地区特点，通过创作构思和表现，逐渐发展成为具有代表性的艺术封面设计形式。艺术封面设计的风格主要可分为传统风格、现代风格和混合型风格等。

2. 自己动手——设计艺术封面

本任务是本项目的拓展训练，读者可根据操作提示，自己动手来完成艺术封面的设计，以检验对相关知识的掌握情况，其效果如图 7-73 所示。

图 7-73

➤ 素材文件：项目 7/任务 4/素材

➤ 效果图文件：项目 7/任务 4/效果图/艺术封面设计.psd

操作提示如下：

1）新建页面设置为"A4"纸张、图像背景色为任意颜色、名称为"艺术封面设计"的图像文件。

2）使用"椭圆工具"和"钢笔工具"制作图像效果，使用"描边"命令制作描边效果。

3）使用"画笔工具"和"圆角矩形工具"制作图像效果，导入主题素材图片和文字素材。

4）使用"横排文字工具"和"图层样式"命令制作文字效果。最后，使用"色相/饱和度"面板调整图像颜色。

项目 8　设计封面海报

海报制作是众人皆知的广告宣传手段，无论是企业宣传某种商品，还是社团策划某种活动，在准备阶段都会向众人张贴一张相关的海报。相比简单的宣传单页海报所承载的信息量比较大，因此受到人们的追捧。

本项目将以精品毛巾广告、房地产广告、保护环境广告和沙发宣传广告为实例，为读者详细介绍海报与广告的设计方法和技巧。在制作过程中，希望读者能够掌握其中的要点并灵活运用，从而制作出满意的作品。

 任务 1　设计精品毛巾广告

1. 任务背景

阳光公司最近生产了一款新的纯棉毛巾，该毛巾选用了优质的棉纱，经过特殊工艺精制而成，锐意创新，产品具有色泽亮丽、花型高雅、柔软蓬松、品质优良等特点。现该公司为了大力推广此款精品毛巾，想要制作一个海报以进行广告宣传。

2. 跟我做——设计精品毛巾广告

本方案在实施过程中，重点介绍滤镜扭曲制作、滤镜艺术效果制作与文字效果的制作，主要使用矩形工具、横排文字工具和扭曲滤镜，以及滤镜库的应用，其效果如图 8-1 所示。

图 8-1

➤ 素材文件：项目 8/任务 1/毛巾广告/素材
➤ 效果图文件：项目 8/任务 1/毛巾广告/效果图/毛巾广告.psd

（1）新建图层和拖动图片的方法——制作背景图形

1）执行"文件"→"新建"命令，在弹出的"新建"对话框中，创建"名称"为毛巾广告，"宽度"为 1600 像素，"高度"为 600 像素，其他保持默认设置，单击"确定"按钮插入画布，如图 8-2 所示。

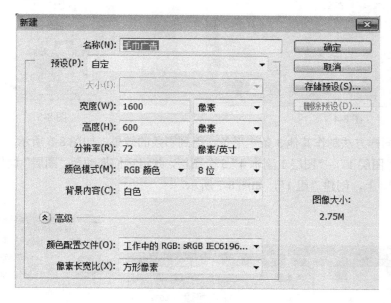

图 8-2

2）分别将素材中的"毛巾 1"和"毛巾 2"图片拖动至画布中，并放置在如图 8-3 所示的位置。

图 8-3

（2）"矩形选框工具"与"滤镜"命令的应用——制作彩条扭曲的效果

1）单击"创建新图层"按钮，在 "毛巾 2" 图层上方插入一个新图层"图层 1"，并在"图层 1"中的任意位置使用工具箱中的"矩形选框工具"绘制长条矩形,填充颜色#acdaf3，然后按 Ctrl+D 组合键取消选区，如图 8-4 所示。

2）复制"图层 1"得到"图层 1 副本"图层，利用鼠标向右移动"图层 1 副本"的位置，并填充颜色# ffb8d6，如图 8-5 所示。

129

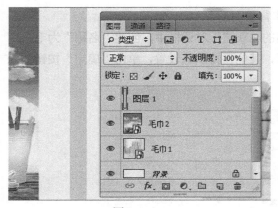

图 8-4

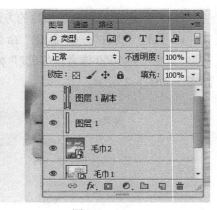

图 8-5

3）利用同样方法制作其他 3 条矩形条，得到彩条的效果，如图 8-6 所示。

4）选择"图层 1"~"图层 1 副本 4" 5 个图层，并将它们拖动至"图层"面板下方的"创建新组"按钮□上，创建"组 1"，如图 8-7 所示。

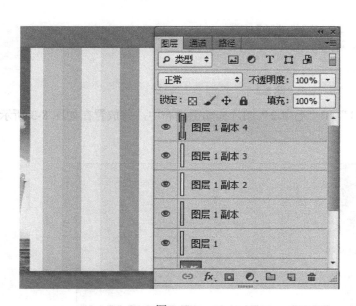

图 8-6

图 8-7

5）选择"组 1"，执行"滤镜"→"转换为智能滤镜"命令，在弹出的对话框中单击"确定"按钮，将"组 1"转换为智能对象，如图 8-8 所示。

6）再次选择"组 1"图层，执行"滤镜"→"扭曲"→"挤压"命令，打开"挤压"对话框，设置"数量"为 100%，单击"确定"按钮，将彩条进行挤压，如图 8-9 所示。

7）使用同样的方法，再次将彩条进行挤压，如图 8-10 所示。

8）执行"滤镜"→"扭曲"→"旋转扭曲"命令，打开"旋转扭曲"对话框，设置"角度”为10度，单击“确定”按钮，将彩条进行扭曲，如图8-11所示。

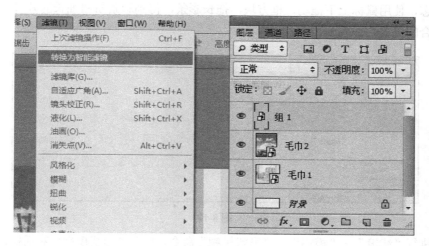

图 8-8

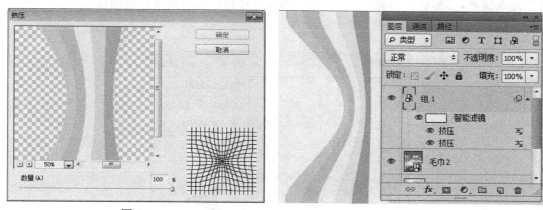

图 8-9　　　　　　　　　　　　　　　　　　图 8-10

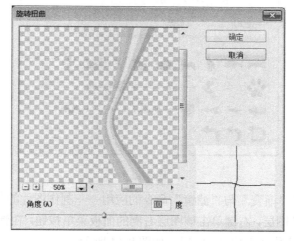

图 8-11

131

9）执行"编辑"→"变形"→"缩放"命令，或按<Ctrl+T>组合键，使"组1"进入缩放编辑状态，使用鼠标上下拖动边框方块，拖长彩条，得到彩条扭曲细长的效果，然后将彩条放至适合的位置，如图8-12所示。

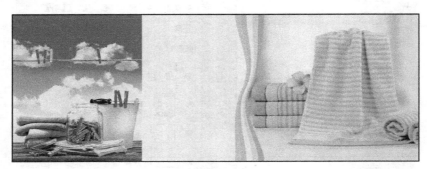

图 8-12

10）执行"滤镜"→"模糊"→"形状模糊"命令，打开"形状模糊"对话框，设置"半径"为5像素，"形状"为箭头6，单击"确定"按钮，对彩条进行模糊设置，如图8-13所示。

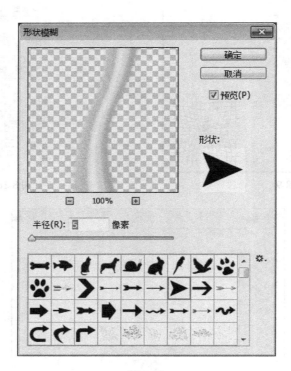

图 8-13

（3）"图层蒙版""渐变"与"滤镜"命令的应用——制作图片的艺术效果

1）选择"毛巾2"图层，右键单击该图层右侧的面板菜单按钮，在弹出的菜单中执行"栅格化图层"命令，栅格化"毛巾2"图层，如图8-14所示。

2）栅格化图层完毕后，单击选中该图层（默认就是选中的），然后单击"图层"面板底部的"添加图层蒙版"按钮 ▣，在"毛巾 2"图层上创建一个"蒙版"，如图 8-15 所示。

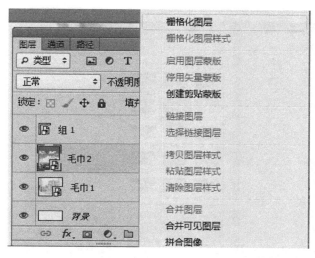

图 8-14 　　　　　　　　　　　　　　　　图 8-15

3）单击"毛巾 2"图层的"图层蒙版缩略图" ▭，在工具箱中选择"渐变工具" ▣，选择"渐变样式"为从黑到白的渐变效果，把鼠标指针放在"毛巾 2"的图片上，鼠标指针就变成了十字架形状，此时按住鼠标左键并向左侧拖动 1~2cm，松开鼠标，此时"毛巾 2"图片产生了渐变效果，如图 8-16 所示。

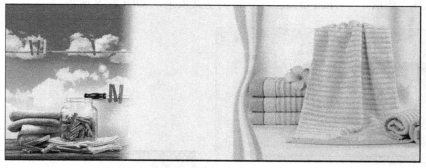

图 8-16

小贴士：

　　在图片上利用"图层蒙版"添加"渐变"样式可以制作图片渐变的效果。选择"渐变工具"，前景色和背景色变成了黑白显示效果，这是对蒙版进行填充的默认颜色，黑色表示遮盖的部分，白色表示显示的部分。选好颜色后，直接在原图片层创建选区进行渐变即可，但是这样做的结果就是一旦确定渐变图案后将无法修改，且不易调整渐变的效果。

4）执行"滤镜"→"滤镜库"命令，在弹出的对话框中选择"艺术效果"→"干画笔"选项，设置"画笔大小"为0、"画笔细节"为10、"纹理"为1，如图8-17所示。单击"确定"按钮，得到"毛巾2"素材为干画笔效果。

图 8-17

（4）"渐变工具"与"滤镜"命令的应用——制作渐变图像并添加其他设计元素

1）在"背景"图层上方添加一个新图层"图层1"，选择"渐变工具" ，打开"渐变编辑器"窗口，设置渐变样式为"透明—#eaf5fc—透明"，如图8-18所示。

2）选择"图层1"，在画布白色区域绘制渐变效果，如图8-19所示。

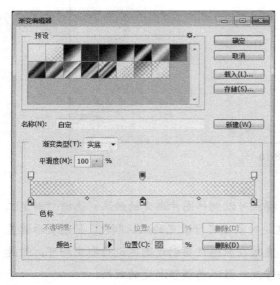

图 8-18

图 8-19

134

3）执行"滤镜"→"滤镜库"命令，在弹出的对话框中选择"艺术效果"→"粗糙蜡笔"选项，设置"描边长度"为16、"描边细节"为9、"纹理"为粗麻布、"缩放"为87%、"凸现"为36、"光照"为右下，如图8-20所示。单击"确定"按钮，得到粗糙蜡笔效果。

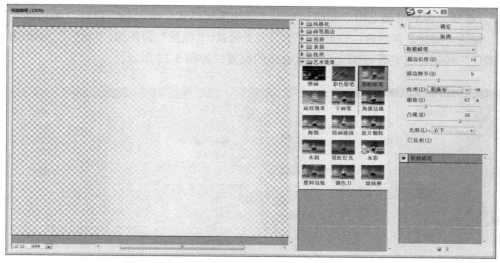

图 8-20

（5）"矩形选框工具""横排文字工具""图层样式"与"自定形状工具"命令的应用——制作文字和自定义图形效果

1）在"组 1"图层上方添加一个新图层"图层 2"，选择"矩形选框工具" 图，在"图层 2"上绘制一个矩形框，并填充颜色# 3d8f56，如图8-21所示。

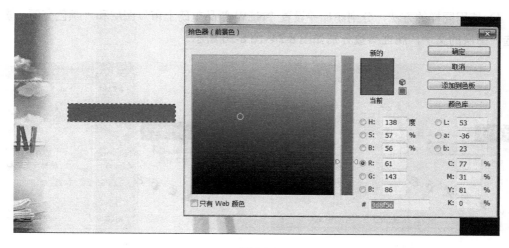

图 8-21

2）选择工具箱中的"横排文字工具" T，设置文字工具栏上的"字体"为幼圆，"字体大小"为40点，"文本颜色"为#3d8f56，如图8-22所示。然后，在"图层 2"图像上方输入

135

文字"纯棉精品毛巾"，此时插入了"纯棉精品毛巾"图层。

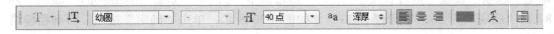

图 8-22

3）选择"纯棉精品毛巾"图层，单击"添加图层样式"按钮 fx，打开"图层样式"对话框，勾选"描边"复选框，设置"大小"为 2 像素、"位置"为外部、"颜色"为#ffffff，单击"确定"按钮，将设置好的文字拖至合适的位置，如图 8-23 所示。

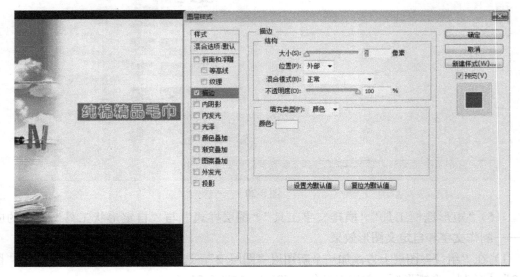

图 8-23

4）使用同样的方法，分别添加并设置"NEW 新品重磅上市"图层和"颜色亮丽，多色可选"图层的文字，属性参数分别如图 8-24~图 8-26 所示。

图 8-24

图 8-25

5）选择工具箱中的"横排文字工具" T，设置文字工具栏中的"字体"为方正舒体，"字体大小"为 45 点，"文本颜色"为#3d0000，单击"创建文字变形" ，打开"变形文字"对话框,选择"样式"为增加,设置"弯曲"为+69%,单击画布输入文字"爱你就是爱自己!",此时在"图层"面板最上方插入了"爱你就是爱自己"图层,如图 8-27 所示。

图 8-26

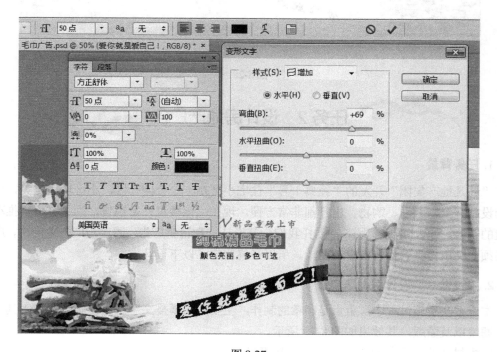

图 8-27

6)选择工具箱中的"自定形状工具" ,设置"填充"为颜色#eaf6fc,"描边"为颜色 #22ac38,"形状"选择灯泡 3,在画布上绘制一个灯泡形状的图案,如图 8-28a 所示,最终效 果如图 8-28b 所示。

a)

b)

图 8-28

 任务2 设计房地产广告

1. 任务背景

"迪凡地产集团"开发的"经典1号"住宅小区是一个公园社区，小区环境优美，生活配套设施齐全，上学、购物、出行都非常方便。现在，该楼盘开始销售，为了进一步推动该楼盘的销售，"迪凡地产集团"特委托我们为其设计一款销售广告。通过与广告主商讨，广告中必须要突出楼盘名称和楼盘的图片，所以最终决定了以下设计方案。

2. 跟我做——设计房地产广告

本方案在实施过程中，重点是印章的制作，主要应用横排文字工具、圆角矩形工具、路径、滤镜以及蒙版，其效果如图 8-29 所示。

➢ 素材文件：项目 8/任务 2/房产广告/素材

➢ 效果图文件：项目 8/任务 2/房产广告/效果图/房产广告.psd

（1）新建图层与图片插入——制作背景图形

1）设置"背景色"为黑色，执行"文件"→"新建"命令，打开"新建"对话框，设置

138

"名称"为房产广告，"宽度"为 1772 像素，"高度"为 2302 像素，"分辨率"为 300 像素/英寸，"颜色模式"为 RGB 颜色 8 位，"背景内容"为背景色，如图 8-30 所示，单击"确定"按钮。

图 8-29

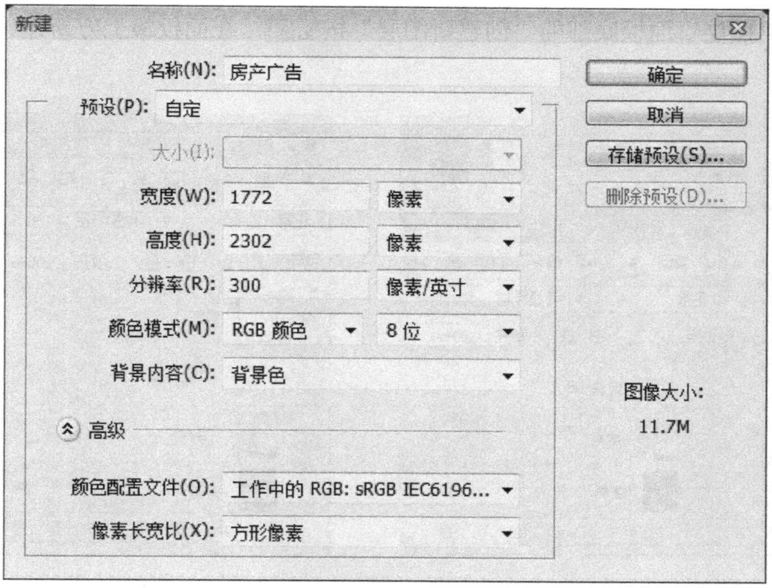

图 8-30

2）将素材中的房产图片拖至画布中，并放在如图 8-31 所示的位置。

（2）文字工具的应用——为广告制作地产名

选择"横排文字工具" ，设置"字体"为"方正黄草简体"，设置"字体大小"为 90

点，设置"颜色"为白色，在图像中输入文字"经典 1 号"，并放在合适的位置，如图 8-32 所示。

图 8-31　　　　　　　　　　　　　　　图 8-32

（3）圆角矩形工具、路径、蒙版与滤镜的应用——制作印章效果

1）关闭"图层"面板上各图层前方的"指示图层可见性"图标，隐藏 3 个图层，如图 8-33 所示。

2）单击"图层"面板底部的"创建新图层"按钮，在面板最上方新建"图层 1"，如图 8-34 所示。

图 8-33　　　　　　　　　　　　　　　图 8-34

3）选择"圆角矩形工具"，在工具栏中选择"路径"模式，如图 8-35 所示，设置"半径"为 10 像素。

4）按住<Shift>键的同时，在画布的任意位置按下鼠标右键并拖动，绘制一个正圆角矩形，如图 8-36 所示。

5）打开"路径"面板，单击面板底部的"将路径作为选区载入"按钮 ，将所绘制的圆角矩形转换为选区，如图 8-37 所示。

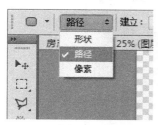

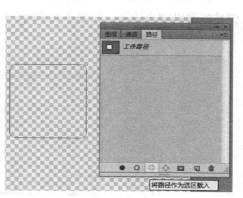

| 图 8-35 | 图 8-36 | 图 8-37 |

6）执行"编辑"→"描边"命令，打开"描边"对话框，设置"宽度"为 39 像素，"颜色"为 # ff3507，单击"确定"按钮，为圆角矩形进行描边，如图 8-38 所示。

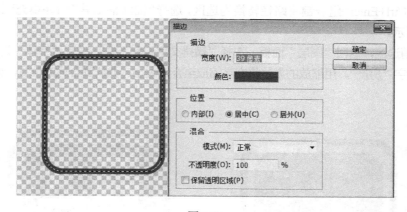

图 8-38

7）单击"路径"面板右上方的面板菜单按钮 ，在打开的菜单中执行"存储路径"命令，将"工作路径"存储为"路径 1"，如图 8-39 所示。

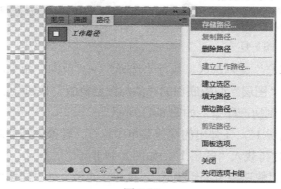

图 8-39

141

8）将"路径 1"复制一次，得到"路径 1 副本"，按<Ctrl+D>组合键取消选区。

9）执行"编辑"→"变换路径"→"缩放"命令，按住<Shift+Alt>组合键，按住鼠标右键并拖动以缩小边框，如图 8-40 所示。

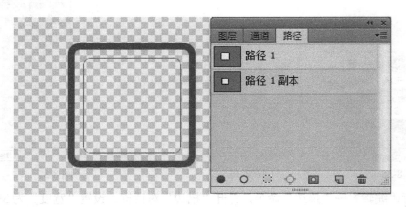

图 8-40

10）按<Ctrl+Enter>组合键将路径转换为选区，选择"油漆桶工具" 并填充颜色# ff3507，如图 8-41 所示。

11）取消选区，返回"图层"面板。选择"横排文字工具" ，设置"字体"为"经典繁印篆"，输入文字"房产"，用缩放的方法将文字缩放至合适大小，并放到合适的位置，如图 8-42 所示。

图 8-41

图 8-42

12）载入图层"房产"文本选区，执行"选择"→"反向"命令，反向选择，然后选择"图层 1"图层，单击"图层"面板底部的"添加图层蒙版"按钮 ，添加文字蒙版，隐藏"房产"文本图层，得到房产印章，如图 8-43 所示。

13）右键单击"图层 1"，在弹出的快捷菜单中执行"转换为智能对象"命令，将"图层 1"转为智能对象，此时再载入"图层 1"，如图 8-44 所示。

14）按<Q>键进入"快速蒙版编辑模式"，执行"滤镜"→"滤镜库"命令，在弹出的对话框中选择"画笔描边"→"喷溅"选项，设置"喷色半径"为25、"平滑度"为15，单击

"确定"按钮，如图 8-45 所示。

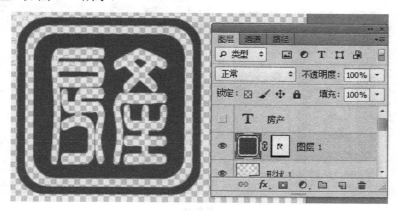

图 8-43

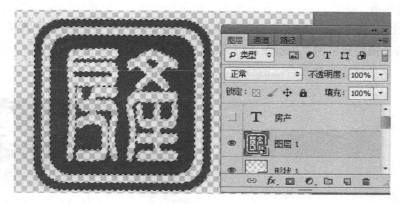

图 8-44

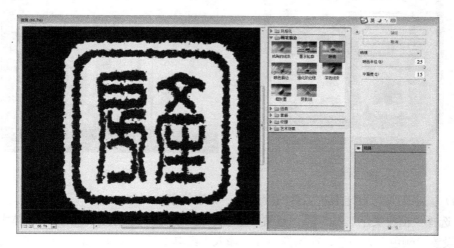

图 8-45

15）返回画布，再次按<Q>键取消"快速蒙版编辑模式"，执行"选择"→"反向"命令，反向选择选区，如图 8-46 所示。

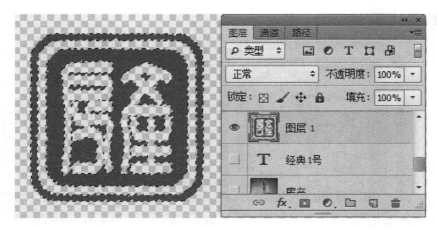

图 8-46

16）右键单击"图层 1"图层，在弹出的快捷菜单中执行"栅格化图层"命令，按<Delete>键删除部分图像，按< Ctrl+D>组合键取消选区，得到如图 8-47 所示的印章效果。

17）单击各图层前方的"指示图层可见性"图标，显示其他 4 个图层，调整"图层 1"印章的大小，然后把印章放在合适的位置，如图 8-48 所示。

图 8-47

图 8-48

（4）文字工具与自定形状工具的应用——文字信息的制作

1）选择"横排文字工具" T，设置"字体"为"方正卡通简体"，设置"字体大小"为 14 点，设置"颜色"为白色，在图像中分别输入"经典生活从这里开始"等文字。选择"自定形状工具" ，选择"星形"形状 ，设置"颜色"为白色，放在"开发商"文字前方的适合位置，最终效果如图 8-49 所示。

144

图 8-49

 任务3 设计保护环境广告

1. 任务背景

环境污染问题已经成为人类所面临的生存问题，我们应竭尽所能保护环境。本任务是设计一款保护环境的公益广告，以此提醒人们，保护环境、保护地球，就等于保护我们自己！

2. 跟我做——设计保护环境广告

本方案在实施过程中，重点是图片撕裂效果的制作与立体文字效果的制作。主要应用变形工具、多边形套索工具、晶格化以及蒙版文字工具，其效果如图 8-50 所示。

图 8-50

145

> ➤ 素材文件：项目 8/任务 3/保护环境/素材
> ➤ 效果图文件：项目 8/任务 3/保护环境/效果图/保护环境.psd

（1）矩形与图层蒙版的应用——制作背景图形

新建一个 1100 像素×800 像素大小的画布，填充背景颜色#9d9d9d，在"背景"图层的上方新建一个"图层 1"，选择"矩形选框工具" 🔲 ，绘制矩形，填充颜色为#c5c5c5。然后为该矩形框添加渐变色为由黑到白的图层蒙版，使"图层 1"上方与背景层融合，如图 8-51所示。

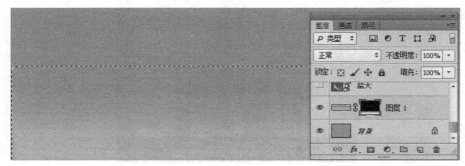

图 8-51

（2）"变形"命令、"多边形套索工具(L)"与"晶格化"命令的应用——制作图片撕裂效果

1）执行"文件"→"置入"命令，在画布中置入一幅名为"干枯"的图片，并调整其大小和位置，如图 8-52 所示。

图 8-52

2）执行"图层"→"栅格化"→"图层"命令，将图片进行栅格化。

3）执行"编辑"→"变换"→"变形"命令，将图片各边进行适当的变形处理，如图 8-53 所示。

4）用"多边形套索工具(L)" 🔽 在画布中框选，锯齿随意发挥，如图 8-54 所示。

5）按<Q>键进入"快速蒙版"编辑状态，执行"滤镜"→"像素化"→"晶格化"命令，

146

设置"单元格大小"的数值为 10，单击"确定"按钮，如图 8-55 所示。

图 8-53

图 8-54

图 8-55

小贴士：

启用 Photoshop CS6 滤镜中的晶格化，目的是将图像像素结块，生成单一颜色的多边形栅格，使图像产生像结晶一样的效果，结晶后的每一个小面的色彩均由原图像位置中主要的色彩代替。而羽化是令选区内外衔接的部分虚化，起到渐变的作用，从而达到自然衔接的效果。

6）按<Ctrl+F>组合键重复"晶格化"效果，再次按<Q>键退出"快速蒙版"，恢复选区，如图 8-56 所示。

7）按<Ctrl+X>组合键将选区内的图片进行剪切，按<Ctrl+Shift+V>组合键将刚才剪切的图片进行原位粘贴，此时系统将剪切的图片自动添加到"图层 2"图层，图片分为左右两段，如图 8-57 所示。

8）调整左侧图片和右侧图片的位置，如图 8-58 所示。

9）新建 "图层 3"，将"图层 2"载入选区，填充颜色#ffffff，按住鼠标左键，将选区向右移动 0.18 厘米，如图 8-59 所示。

图 8-56   图 8-57

图 8-58   图 8-59

10）再一次移动选区，按<Delete>键将选区部分删除，剩下的部分作为"图层 2"图片的描边，如图 8-60 所示。

11）载入"图层 3"选区，选择图片描边，将图层的混合模式设置为"亮光"效果，如图 8-61 所示。

图 8-60   图 8-61

12）使用同样的方法，为左边的"干枯"图层做一个投影，"填充颜色"为#000000，"不透明度"为 80%，图层的混合模式为"正片叠底"，执行"滤镜"→"模糊"→"高斯模糊"命令，设置"半径"为 1.5 像素，如图 8-62 所示。

13）为整张图片加上投影，在"图层 4"上方创建一个新图层"图层 5"，选择"椭圆选框工具" 🔘，在图片下方绘制一个椭圆，填充颜色为#9d9d9d，设置图层的混合模式为"正片叠底"，"不透明度"为 30%，如图 8-63 所示。

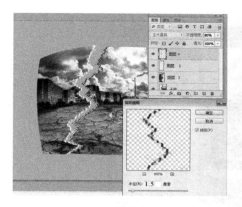
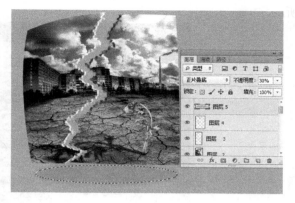

图 8-62　　　　　　　　　　　　　　　　图 8-63

14）合并"图层 5"至"干枯"5 个图层为"干枯"图层，如图 8-64 所示，并调整"干枯"图层图片的大小和位置。

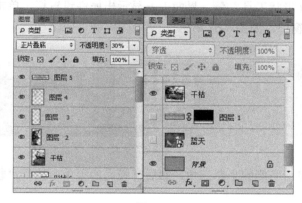

图 8-64

15）根据上述步骤，制作"海洋污染"和"森林砍伐"的撕裂纸张状态，如图 8-65 所示。

图 8-65

149

16）执行"文件"→"置入"命令，在弹出的对话框中选择"蓝天"图片，并把它拖动至"背景"图层上方，插入"蓝天"图层，设置图层的混合模式为"正片叠底"，如图 8-66 所示。

图 8-66

（3）"自定义形状工具"与"载入形状"命令的应用——制作飞鸟效果

1）选择"自定义形状工具" ，界面上方显示出属性设置栏，单击"形状"右边的小三角，弹出图形显示窗口，如图 8-67 所示。

图 8-67

2）在小窗口上单击右侧的小黑三角，然后在弹出的菜单中执行"载入形状"命令，如图 8-68 所示。

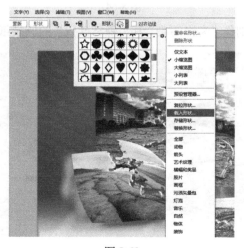

图 8-68

3）在弹出的"载入"对话框中，选择解压后的"飞鸟剪影"文件夹，打开文件夹选择"vector_birds_silhouettes"文件，单击"载入"按钮，载入飞鸟自定义图案，如图 8-69 所示。

图 8-69

4）将"前景色"设置为白色，选择"自定义形状"中的"shape 1328""shape 1329""shape 1331"和"shape 1336"等图案，分别添加到画布中，得到群鸟飞翔的效果，如图 8-70 所示。

图 8-70

（4）"横排文字蒙版工具""蒙版"与"图层样式"命令的应用——制作立体文字效果

1）选择"蓝天"图层，单击"横排文字蒙版工具"，在页面中单击，将插入点置于要输入文字的位置后，在页面上方的选项栏中设置"字号"为 200pt，"字体"为华文彩云，然后输入文字"保护环境"，如图 8-71 所示。

2）完成文字输入后，按<Ctrl+Enter>组合键，将蒙版文字转换为选区，如图 8-72 所示。

151

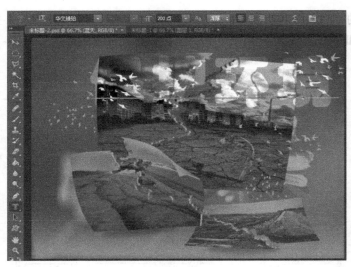

图 8-71

图 8-72

3）按下<Ctrl+J>组合键，将选区中的对象复制到新图层中，在"蓝天" 图层的上方生成了"图层 2"，图像中的选区被取消，如图 8-73 所示。

图 8-73

4）双击"图层 2"图层，弹出"图层样式"对话框，分别设置"内阴影""外发光"和"投影"等图层样式参数，单击"确定"按钮应用图层样式到"图层 2"中，具体样式设置如图 8-74 所示。

152

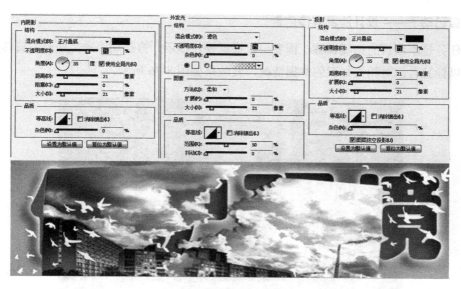

图 8-74

5）选择"图层 2"拖动至"海洋污染"图层的上方，并放在合适的位置。使用同样的方法制作"图层 3"，如图 8-75 所示。

图 8-75

 任务 4 设计沙发宣传广告

1. 任务背景

美式沙发给人以自然、美妙的感受，而乡村风情所带来的韵味正是人们现代生活正急切追求的，我们需要这样的休闲方式。乡村美正向我们悄悄袭来，而现在需要制作这一系列的沙发广告，给人以乡村气息的舒适感受。

2. 自己动手——设计沙发宣传广告

本任务是本项目的拓展训练，读者可以根据操作提示，自己动手来完成沙发宣传广告的设计，以检验自己对相关知识的掌握情况，其效果如图8-76所示。

图8-76

> 素材文件：项目8/任务4/素材

> 效果图文件：项目8/任务4/效果图/沙发宣传广告.psd

操作提示如下：

1）新建"宽度"为825像素、"高度"为550像素、"分辨率"为300像素/英寸、图像背景色为任意颜色、"名称"为沙发宣传广告的图像文件。

2）打开并导入素材"自然背景.jpg""沙发.jpg""光束.psd"和"花边.psd"。其中，"沙发.jpg"进行抠图后，将素材放在合适的位置。然后分别执行"强光"和"不透明度"命令，结合色彩校正命令对素材进行处理。

3）使用"横排文字工具" ![T] 在"花边"上输入文字。

4）将合成的图像存储为"沙发宣传广告.jpg"文件。

154

项目 9 设计 DM/POP 广告

DM 广告是指通过邮寄和赠送等形式，将宣传品送到消费者手中、家里或公司所在地，是直达目标消费者的广告通道。

广义的 POP 广告的概念，指凡是在商业空间、购买场所、零售商店的周围、内部以及在商品陈设的地方所设置的广告物，都属于 POP 广告。狭义的 POP 广告概念，仅指在购买场所和零售店内部设置的展销专柜以及在商品周围悬挂、摆放与陈设的可以促进商品销售的广告媒体。

本项目将以分期购车 DM 广告、悬挂式 POP 广告、张贴式 POP 广告和商场秋季宣传张贴式 POP 广告为实例，为读者详细介绍广告设计的方法、过程和实现技巧。

 任务 1 设计分期购车 DM 广告

1. 任务背景

宏丰汽车销售公司是一家以经销各种品牌汽车为主的公司，最近公司推出了"买车分期付款"的活动，公司特委托我们为该活动设计一款宣传广告，因为考虑到该活动所针对的特殊人群，所以广告将以 DM 广告的形式，直接送到相关人群的手中。

2. 跟我做——设计单页双面式分期购车 DM 广告

本方案在实现过程中，重点是背景图像的制作，主要使用选择工具、路径工具以及文字工具，其广告设计效果如图 9-1 所示。

图 9-1

➤ 素材文件：项目 9/任务 1/素材

➤ 效果图文件：项目 9/任务 1/效果图/分期购车 DM 广告.psd

（1）路径、渐变色命令的应用——制作广告正面背景图像

1）执行"文件"→"新建"命令，新建"宽度"为 42.5 厘米、"高度"为 29.7 厘米、"分辨率"为 300 像素/英寸、"背景内容"为白色、"名称"为分期购车 DM 广告设计的图像文件。

2）设置前景色为（R：248、G：130、B：255），为背景填充前景色，按<Ctrl+R>组合键打开标尺，然后分别在宽度为 21cm 和 2.15cm 的位置处添加两条垂直参考线，如图 9-2 所示。

3）使用"钢笔工具"在图像左边位置沿参考线和图像边缘绘制闭合路径，然后将路径转化为选区，如图 9-3 所示。

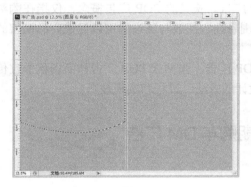

图 9-2   图 9-3

4）设置前景色为（R：248、G：174、B：239），背景色为（R：128、G： 6、B：142），选择"渐变工具" ，选择系统预设的"前景色到背景色"的渐变，以"径向渐变"方式在选区内填充渐变色，效果如图 9-4 所示。

5）新建"图层 1"，选择"画笔工具" ，设置画笔"大小"为 1，"硬度"为 100%，使用白色（R：255、G：255、B：255）绘制线条，效果如图 9-5 所示。

图 9-4   图 9-5

6）执行"滤镜"→"模糊"→"径向模糊"命令，选择"缩放"模糊方式，设置"数量"为 20，对绘制的线条进行模糊操作，效果如图 9-6 所示。

7）新建"图层 2"，使用"钢笔工具" ，在图像上方绘制如图 9-7 所示的闭合路径，然后

设置前景色为白色（R：255、G：255、B：255），对绘制的路径进行填充，效果如图 9-8 所示。

8）选择"矩形工具" ▢ ，设置前景色为（R：128、G：6、B：142），在广告正面下方位置绘制矩形图形，完成对广告折页封面底纹的绘制，效果如图 9-9 所示。

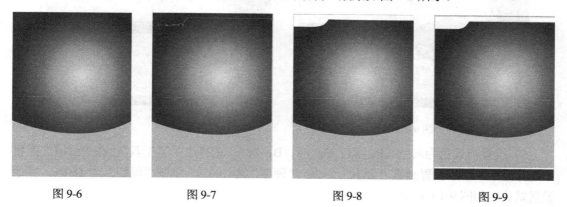

图 9-6　　　　　　　图 9-7　　　　　　　图 9-8　　　　　　　图 9-9

（2）"矩形选框工具"以及"路径"命令应用——制作广告反面背景

1）继续在图像中添加如图 9-10 所示的参考线。

2）新建"图层 3"，选择"矩形选框工具" ⬚ ，在图像右侧创建选择区，然后用颜色（R：128、G：6、B：142）进行填充，效果如图 9-11 所示。

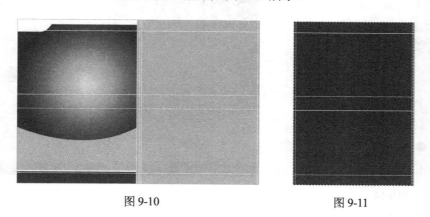

图 9-10　　　　　　　　　　　　图 9-11

小贴士：

为选区填充颜色有两种方式，一种是按<Ctrl+Delete>组合键填充背景色，按<Alt+Delete>组合键填充前景色；另一种方式是执行"编辑"→"填充"命令，在打开的"填充"对话框中的"使用"选项中选择要填充的颜色，然后确认即可。

3）继续使用"矩形选框工具" ⬚ 在图像右侧创建选择区，并按<Delete>键删除选区内的颜色，效果如图 9-12 所示。

4）重新在图像右侧创建水平和垂直参考线，然后沿参考线创建水平和垂直的开放路径，效果如图 9-13 所示。

157

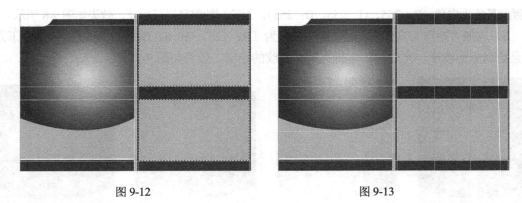

图 9-12   图 9-13

5）设置前景色为灰色（R：88、G：88、B：88），选择"画笔工具"，在"画笔"面板中选择画笔，然后设置画笔"大小"为20，"硬度"为100%，画笔"间距"为150%，其他设置默认，如图9-14所示。

6）选择绘制的所有路径，然后打开"路径"面板，单击"描绘路径" ⬭ 按钮，对绘制的水平和垂直路径进行描绘，最后隐藏参考线以及路径，效果如图9-15所示。

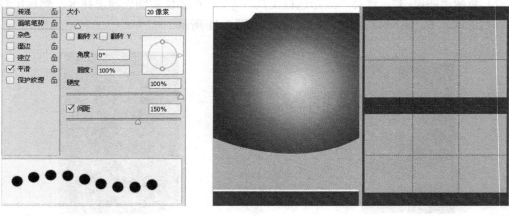

图 9-14   图 9-15

（3）添加设计元素与输入广告语

1）打开"素材"目录下的"车1.tif"文件，将该图像拖到当前文件左边的中间位置，图像生成"车1"图层，如图9-16所示。

2）按<Ctrl+J>组合键将"车1"图层复制为"车1 副本"图层，执行"编辑"→"变换"→"垂直翻转"命令将"车1 副本"图层垂直翻转，然后将其向下移动到"车1"图层的下方，效果如图9-17所示。

3）在"图层"面板中为"车1 副本"图层添加图层蒙版，然后使用"黑色到白色"的渐变色对蒙版进行编辑，制作出图像的倒影效果，效果如图9-18所示。

4）使用文字工具，结合图层样式命令，在广告封面位置输入相关广告语，完成封面的设计，效果如图9-19所示。

158

图 9-16　　　　　　　　　图 9-17　　　　　　　　　图 9-18

图 9-19

5）继续使用文字工具，结合图层样式命令，在广告内页位置输入相关广告语，效果如图 9-20 所示。

图 9-20

6）打开"素材"目录下的"车2.tif"文件，这是已经处理好的素材文件，将该素材文件拖到当前文件的右边位置，效果如图9-21所示。

图 9-21

7）继续使用文字工具，结合图层样式命令，在手机旁边位置输入相关文字，完成该 DM 广告的制作，效果如图9-22所示。

图 9-22

 任务2 设计悬挂式 POP 广告

1. 任务背景

夏季来临时，各商场的夏季新品会纷纷上市，佳华购物商场在其夏季新品上市之时，推出夏季新品上市特惠购物活动，本任务就是为商场设计一款 POP 宣传广告。

2. 跟我做——设计夏季商场新品上市特惠悬挂式 POP 广告

本任务在设计过程中，重点是版式设计、背景图像效果的制作以及文字内容的输入，所使用的工具主要有渐变工具、形状工具和自由变换工具等，其最终设计效果如图 9-23 所示。

图 9-23

➢ 素材文件：项目 9/任务 2/素材

➢ 效果图文件：项目 9/任务 2/效果图/悬挂式 POP 广告.psd

（1）路径与渐变色命令的应用——绘制版面

1）执行"文件"→"新建"命令，新建"宽度"为 15 厘米、"高度"为 25 厘米、"分辨率"为 300 像素/英寸、"背景内容"为白色、"名称"为悬挂式 POP 广告设计的图像文件。

2）新建"图层 1"，选择"圆角矩形工具" ▢，在其选项栏中设置参数，如图 9-24 所示。

图 9-24

3）按住鼠标左键在"图层 1"中绘制圆角矩形，如图 9-25 所示。选择"添加锚点工具" ✎，在矩形路径上水平线中间位置单击添加一个锚点，然后选择"转换点工具" ⌐，对添加的锚点进行调整，效果如图 9-26 所示。

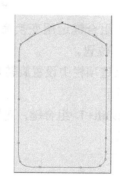

图 9-25   图 9-26

小贴士：

"添加锚点工具"是一个用于路径上添加锚点的工具。激活该工具后在路径上单击，即可添加一个锚点。一般情况下，该工具处于隐藏状态，将光标移动到"钢笔工具" ✎ 按钮上，按住鼠标左键，即可弹出隐藏的工具，然后便可选择"添加锚点工具" ✎。另外，激活"钢笔工具"，将光标移动到路径上，当光标下方出现"+"号时单击，也可在路径上添加一个锚点，将"钢笔工具"移动到路径锚点上，当光标下方出现"–"号图标时单击，即可删除锚点。

4）打开"路径"面板，单击"将路径转换为选区" 按钮，将路径转换为选区。

5）设置前景色为（R：204、G：255、B：0），背景色为（R：56、G：255、B：69）选择"渐变工具" ，选择系统预设的"前景到背景"的渐变色，以"线性渐变"方式 在"图层1"中填充渐变色，效果如图9-27所示。

（2）选框工具与自由变换命令的应用——制作背景底纹

1）新建"图层2"，设置前景色为（R：255、G：255、B：255），选择"矩形工具"，在其选项栏中单击"填充像素"按钮，在"图层2"中绘制矩形，如图9-28所示。

2）按<Ctrl+T>组合键为该图形添加自由变换工具，按<Alt+Ctrl+Shift>组合键的同时，将光标移动到变形框左下方的控制点上并向右拖动，对图形进行变换，然后按<Enter>键确认变化效果，如图9-29所示。

图9-27

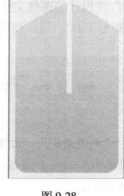
图9-28

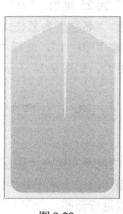
图9-29

3）按<Ctrl+Alt+T>组合键运用变换命令，使用光标将变化框的中心点向下移动到如图9-30所示的下方边框位置。

4）在变形框的工具选项栏中设置旋转角度为6°，对图形进行旋转，然后按<Enter>键确认，效果如图9-31所示。

5）按住<Ctrl+Alt+Shift+T>组合键，对图形进行再制，然后把这些图层合并到"图层2"中，效果如图9-32所示。

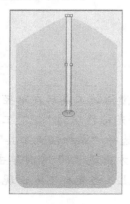
图9-30

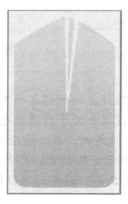
图9-31

图9-32

6）单击"图层"面板底部的"添加图层蒙版"按钮，为"图层 2"添加蒙版，选择"渐变工具"，选择黑白渐变，按<Shift>键从下往上填充渐变，效果如图 9-33 所示。

7）隐藏背景层，按<Ctrl+Alt+Shift+E>组合键盖印图层，生成"图层 3"，按住<Ctrl>键并单击"图层 1"，载入选区，选择"图层 3"，为其添加图层蒙版，删除"图层 1"和"图层 2"。

8）双击"图层 3"，打开"图层样式"对话框，选择"投影"样式，参数设置如图 9-34 所示，单击"确定"按钮，效果如图 9-35 所示。

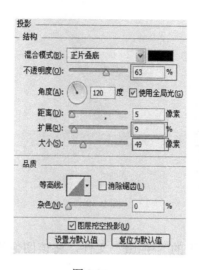

图 9-33　　　　　　　　　　　　图 9-34　　　　　　　　　　　　图 9-35

9）新建"图层 4"，选择"圆角矩形"工具 ，绘制一个白色的圆角矩形，打开"图层样式"对话框，选择"投影"样式，颜色设置为（R：18、G：208、B：3），其他参数设置如图 9-36 所示，单击"确定"按钮，效果如图 9-37 所示。

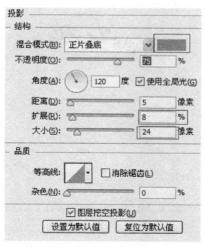
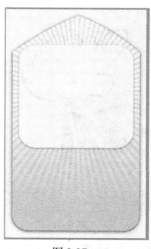

图 9-36　　　　　　　　　　　　　　图 9-37

163

10）新建"图层5"，设置前景色为（R：244、G：250、B：178），选择"多边形工具"，设置为"星形"，"边数"为5，在图像中绘制星形，如图9-38所示。运用"钢笔工具"绘制路径，分别填充（R：244、G：250、B：178）、（R：244、G：250、B：178）、（R：244、G：250、B：178）和（R：244、G：250、B：178）4种颜色，效果如图9-39所示。

11）按照以上方法制作另外3个不同颜色的星形，如图9-40所示。

图9-38　　　　　　　　　　图9-39　　　　　　　　　　图9-40

（3）添加文字

1）打开"素材"目录下的"手.tif"文件，将该图像拖到背景文件中，如图9-41所示。

2）使用"横排文字工具"在图像上方输入文字"用心服务"，文字颜色为（R：255、G：0、B：0），对此文字图层进行栅格化后，按住<Ctrl+T>组合键,在文字上单击鼠标右键，在弹出的快捷菜单中执行"透视"命令，并为文字添加描边，效果如图9-42所示。

图9-41　　　　　　　　　　　　　　图9-42

3）用上述方法分别输入"2015夏季新品上市""特惠酬宾"等文字内容，效果如图9-43

所示。

4）最后，在图像白色区域位置输入其他相关广告内容，注意，输入该内容时，可以使用不同的颜色，这样可使画面颜色效果更丰富。将图层合并，并为其添加"投影"样式。至此完成该 POP 广告的制作，效果如图 9-44 所示。

图 9-43　　　　　　　　　　　　　图 9-44

任务 3　设计张贴式 POP 广告

1. 任务背景

鸡尾酒作为一种新兴的低酒精饮品，逐渐受到广大年轻人的喜爱。锐澳（RIO）鸡尾酒作为国内唯一一家专业生产鸡尾酒的企业，现已成为中国预调鸡尾酒市场的领军企业。为了在超市推广产品，现制作一款张贴式 POP 宣传广告。

2. 跟我做——设计鸡尾酒张贴式 POP 广告

本任务设计要求以黄绿色为背景，添加散状圆点，再以色调一致的酒瓶为主题，绘制动感曲线，配以冰水与绿叶，输入文字点名主题，其设计效果如图 9-45 所示。

➢ 素材文件：项目 9/任务 3/素材

➢ 效果图文件：项目 9/任务 3/效果图/张贴式 POP
广告.psd

图 9-45

（1）制作渐变背景

1）执行"文件"→"新建"命令，新建"宽度"为 400 像素、"高度"为 500 像素、"分

165

辨率"为 100 像素/英寸、"背景内容"为白色、"名称"为张贴式 POP 广告设计的图像文件。

2）设置前景色为# fdf502，背景色为# 0bb97e，从左下角往右上角拖动鼠标填充径向渐变，效果如图 9-46 所示。

3）新建"图层 1"，选择"渐变工具" ，设置渐变颜色如图 9-47 所示，单击"确定"按钮，从左上角往右下角拖动鼠标填充线性渐变，效果如图 9-48 所示。

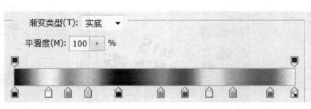

图 9-46   图 9-47

4）设置"图层 1"图层的混合模式为"柔光"，"不透明度"为 55%，效果如图 9-49 所示。

 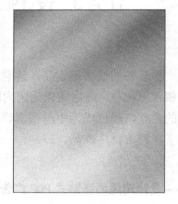

图 9-48   图 9-49

（2）合成酒瓶图像

1）打开 "素材"目录下的"酒瓶.jpg"文件，运用"魔棒工具"将白色背景擦除，然后将该图像拖到背景文件中，生成"图层 2"，调整其大小和方向，效果如图 9-50 所示。

2）执行"图像"→"调整"→"色彩平衡"命令，打开"色彩平衡"对话框，其参数设置如图 9-51 所示。

3）执行"图像"→"调整"→"亮度/对比度"命令，打开"亮度/对比度"对话框，其参数设置如图 9-52 所示。

4）单击"确定"按钮，效果如图 9-53 所示。

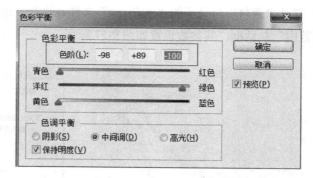

图 9-50　　　　　　　　　　　　　　　图 9-51

图 9-52　　　　　　　　　　　　　　　图 9-53

5）新建"图层 3"，用黑色画笔沿着瓶子的边缘绘制，如图 9-54 所示。

6）将"图层 3"的图层混合模式改为"柔光"，按<Ctrl>键并单击"图层 2"缩略图，载入酒瓶选区，选择"图层 3"，并为其添加图层蒙版，效果如图 9-55 所示。

图 9-54　　　　　　　　　　　　　　　图 9-55

（3）添加绿叶和水花

1）打开"素材"目录下的"绿叶.jpg"文件，运用"魔棒工具"  将白色背景擦除，然后将该图像拖到"图层 2"下，调整其大小和方向，如图 9-56 所示。

167

2）打开"素材"目录下的"水花.jpg"文件，执行"选择"→"色彩范围"命令，弹出"色彩范围"对话框，其参数设置如图9-57所示。

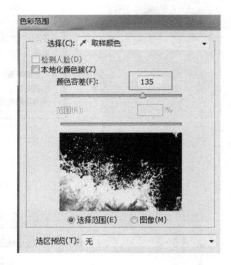

图9-56   图9-57

3）单击"确定"按钮，将白色区域选中，移动至背景图层中，执行"图像"→"调整"→"色阶"命令，打开"色阶"对话框，其参数设置如图9-58所示。

4）执行"滤镜"→"锐化"→"锐化边缘"命令，效果如图9-59所示。

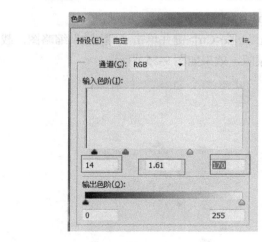

图9-58   图9-59

（4）绘制飘逸曲线

1）隐藏水花图层，选择"椭圆选框工具" ，创建一个椭圆选区，执行"选择"→"变换选区"命令，效果如图9-60所示。

2）新建"图层4"，设置前景色为#f6ff00，执行"编辑"→"描边"命令，设置"宽度"为2像素，单击"确定"按钮进行描边，用"橡皮擦工具"擦除多余部分，效果如图9-61所示。

168

图 9-60   图 9-61

3）打开"图层样式"对话框，选择"颜色叠加"和"外发光"效果，设置颜色为黄色（#FFF700），具体参数设置如图 9-62 和图 9-63 所示。

图 9-62   图 9-63

4）将该图层复制两次，并变换调整大小，效果如图 9-64 所示。

图 9-64

（5）用动态画笔装饰背景

1）设置前景色为# e4ff00，背景色为#2aff00，在瓶子图层下方新建一个图层，选择"画笔工具"，打开"画笔"面板，具体设置如图 9-65~图 9-68 所示。

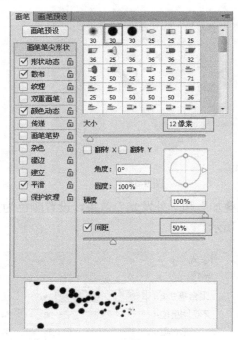

图 9-65

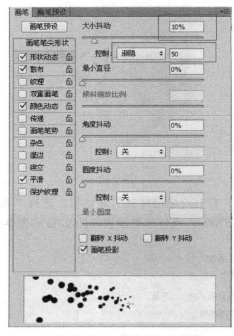

图 9-66

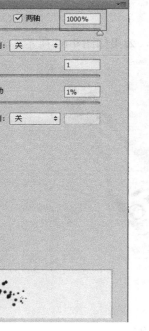

图 9-67

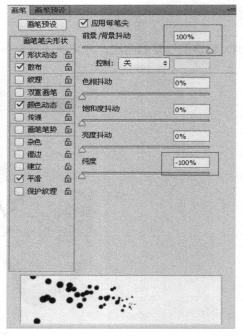

图 9-68

2）用"画笔工具"在新建的图层上绘制，并设置图层的混合模式为"叠加"，效果如图 9-69 所示。

3）选择"文字工具" T ，输入文字，并对文字进行"描边"和"投影"样式设置，效果如图 9-70 所示。

图 9-69　　　　　　　　　　　　　　　　　图 9-70

 任务 4　设计商场秋季宣传张贴式 POP 广告

1. 任务背景

大多行业与产品都有其自身的季节性，百货商场在秋季到来时，会上市各种秋季新品，为此，商场特委托我们为其设计一款 POP 广告。

2. 自己动手——设计商场秋季宣传张贴式 POP 广告

本任务主要使用路径工具和文字工具，制作一幅具有秋天气息的、用于商场宣传的张贴式广告，效果如图 9-71 所示。

➢ 素材文件：项目 9/任务 4/素材

➢ 效果图文件：项目 9/任务 4/效果图/商场秋季宣传.psd

操作提示如下：

1）新建"宽度"为 12 厘米、"高度"为 8 厘米、"分辨率"为 200 像素/英寸、"图像背景"为白色的图像文件。

2）使用"矩形选框工具"绘制矩形选框并填充颜色。

171

图 9-71

3）使用"椭圆工具"绘制正圆选区，设置"内发光""斜面与浮雕"和"阴影"样式，制作白色气泡。

4）使用"自定义形状工具"为图像添加花朵元素。

5）使用"钢笔工具"绘制黄、绿、蓝彩色路径。

6）使用"文字工具"输入相关文字。

项目 10   设计网页

网络与我们的生活息息相关，网站则是承载信息的载体，一个好的网页设计能为网站带来意想不到的效果。

本项目将以凤凰古城网页、创意网页和电影网页为实例，为读者详细讲解网页制作的方法与技巧。在制作过程中，希望读者能够掌握要点并灵活运用，从而制作出备受欢迎的页面。

 任务 1　设计凤凰古城网页

1. 任务背景

凤凰古城位于湖南省湘西土家族苗族自治州，凤凰西南，有一山酷似展翅而飞的凤凰，古城因此而得名。为了更好地宣传凤凰古城的人文风情和风貌，让更多的人了解凤凰古城，现设计一个宣传网站。

2. 跟我做——设计凤凰古城网页

本任务主要应用画笔工具、图层样式与文字效果的组合，制作城市宣传网页，效果如图 10-1 所示。

图 10-1

➢ 素材文件：项目 10/任务 1/素材
➢ 效果图文件：项目 10/任务 1/效果图/凤凰古城网页.psd

（1）背景制作

1）新建"宽度"为 1024 像素、"高度"为 768 像素、"分辨率"为 300 像素/英寸、"色彩模式"为 RGB 颜色 8 位、"背景内容"为白色，"名称"为凤凰古城的图像文件，如图 10-2 所示。

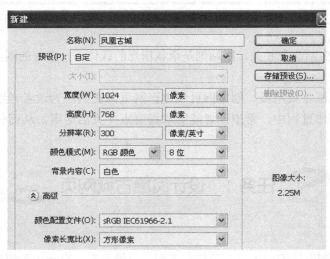

图 10-2

2）打开素材文件"1.jpg"，使用"移动工具" ▶₊将素材拖动到新文件中，按<Ctrl+T>组合键调整其大小和位置，如图 10-3 所示。

3）按<Ctrl+J>组合键复制"图层 1"，生成"图层 1 副本"图层，执行"滤镜"→"模糊"→"高斯模糊"命令，在"高斯模糊"对话框中设置"半径"为 1.5 像素，如图 10-4 所示。

图 10-3

图 10-4

小贴士：

按<Ctrl+J>组合键，可以对当前图层进行快速复制，以复制出与当前图层完全相同的另一个图像。

4）按<Ctrl+J>组合键复制高斯模糊图层，将"图层 1 副本 2"的图层模式改为"亮光"，水墨效果如图 10-5 所示，此时的"图层"面板如图 10-6 所示。

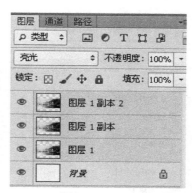

图 10-5   图 10-6

5）隐藏"图层 1"，然后合并"图层 1 副本"和"图层 1 副本 2"，单击"图层"面板底部的"添加蒙版" □ 按钮，为"图层 1 副本 2"添加蒙版，设置画笔大小，用黑色画笔 ，把"1.jpg"擦除，效果如图 10-7 所示，此时的"图层"面板如图 10-8 所示。

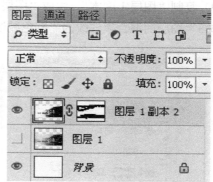

图 10-7   图 10-8

6）新建"图层 2"，填充颜色为（R：223、G：215、B：194），修改图层的混合模式为"正片叠底"，效果如图 10-9 所示，此时的"图层"面板如图 10-10 所示。

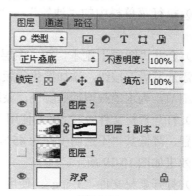

图 10-9   图 10-10

7）执行"滤镜"→"滤镜库"→"纹理化"命令，设置参数如图10-11所示，纹理化效果如图10-12所示。

图 10-11　　　　　　　　　　　　　　　图 10-12

8）复制"图层1"，生成"图层1副本"，显示图层并移动到所有图层的上面，如图10-13所示。

9）复制"图层1副本"，生成"图层1副本3"，按<Ctrl+ I>组合键进行反向，将"图层1副本3"图层的混合模式改为"颜色减淡"，效果如图10-14所示。

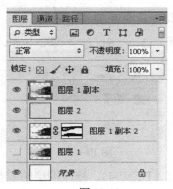

图 10-13　　　　　　　　　　　　　　　图 10-14

10）执行菜单栏中的"滤镜"→"其他"→"最小值"命令，参数设置如图10-15所示。

11）合并"图层1副本"和"图层1副本3"，按住<Alt>键的同时单击"图层"面板底部的"添加蒙版"按钮，添加黑色蒙版。然后设置画笔大小，调整不透明度，用白色画笔抹出局部细节，为水墨画增加些颜色，蒙版如图10-16所示，效果如图10-17所示。

12）打开素材文件"2.jpg"，使用"移动工具" ▶⨁将素材拖动到新文件中，并调整其大小和位置，降低其"不透明度"为45%，效果如图10-18所示。再为其添加图层蒙版，擦除背景，效果如图10-19所示。

13）打开素材文件"3.jpg"，使用"移动工具" ▶⨁ 将素材拖动到新文件中，并调整其大小和位置，效果如图10-20所示。

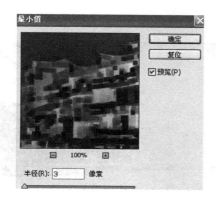

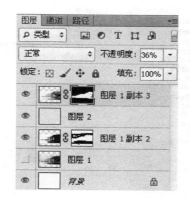

图 10-15

图 10-16

图 10-17

图 10-18

图 10-19

图 10-20

14）选择"画笔工具" ，按<F5>键打开"画笔"面板，参数设置如图 10-21 所示。然后新建图层，通过调节画笔的不透明度，在图像的上、下两边绘制出层峦叠嶂的水墨效果，如图 10-22 所示。

小贴士：

　　在默认设置下，画笔使用前景色，但当在"画笔"面板中设置了画笔的"间距""大小"和"形状动态"等相关参数后，画笔将使用前景色和背景色进行绘画，绘画的结果取决于所设置的参数。

图 10-21

图 10-22

（2）艺术字字体设计

1）新建"宽度"为 570 像素、"高度"为 160 像素、"分辨率"为 300 像素/英寸、"色彩模式"为 RGB 颜色 8 位、"背景内容"为透明的图像文件。

2）选择"横排文字工具" **T**，在属性栏中设置字体为"黑体"、大小为"32"，输入文字"凤凰古城"，如图 10-23 所示。

凤凰古城

图 10-23

3）按住<Ctrl>键的同时单击文字图层的缩略图，为图层建立选区，隐藏文字图层，单击"路径"面板中的"从选区生成路径"按钮，将文字选区转化为路径，如图 10-24 所示。

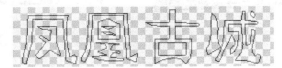

图 10-24

4）利用"直接选择工具" 🔖 对路径上的瞄点进行调整，将"凤凰古城"路径调节成如图 10-25 所示的效果。

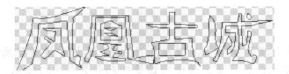

图 10-25

178

5）对调整好的文字路径，单击"路径"面板底部的"将路径转化为选区"按钮，新建"图层 1"，为文字选区填充黑色，再取消选区，效果如图 10-26 所示。

图 10-26

6）将制作好的文字拖动到"凤凰古城"文件中，输入文字"古街古寺古山歌桃花温泉金凤凰"，并调整其大小和位置，最终效果如图 10-27 所示。

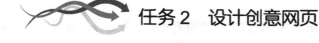

图 10-27

任务 2 设计创意网页

1. 任务背景

随着网络的普及，网络走近千家万户，在制作网页时，网页的整体设计与创意尤为重要，布局是否人性化、是否有创意，是优秀网页的精髓所在，本任务展示了一个创意网页的制作过程。

2. 跟我做——设计创意网页

设计网页时，各部分的功能固然重要，但整体的布局更为重要。本任务将设计制作一个创意网页，最终效果如图 10-28 所示。

➢ 素材文件：项目 10/任务 2/素材

➢ 效果图文件：项目 10/任务 2/效果图/创意网页.psd

1）运行 Photoshop CS6，执行"文件"→"新建"命令，在打开的"新建"对话框中按照图 10-29 所示设置参数，单击"确定"按钮，新建图像文件。

179

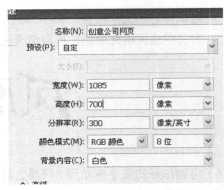

图 10-28　　　　　　　　　　　　　　　　　图 10-29

2）选择"渐变工具"，打开"渐变编辑器"窗口，按照图 10-30 所示设置左色标的颜色参数，按照图 10-31 所示设置右色标的颜色参数，设置完成后，单击"确定"按钮，关闭该窗口，如图 10-32 所示。

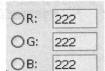

图 10-30　　　　　　　图 10-31　　　　　　　　图 10-32

3）确定选项栏中的"线性渐变"按钮处于激活状态，然后填充"背景"图层，如图 10-33 所示。

4）执行"滤镜"→"滤镜库"→"素描"→"粉笔和碳笔"命令，参照图 10-34 所示设置打开"半调图案"对话框。单击"确定"按钮，为图像添加滤镜效果，如图 10-35 所示。

5）执行"滤镜"→"扭曲"→"极坐标"命令，参照图 10-36 所示设置打开"极坐标"对话框。单击"确定"按钮，为图像添加滤镜效果，如图 10-37 所示。

6）使用"矩形选框工具"绘制选区，并使用"渐变工具"填充选区，如图 10-38 所示。

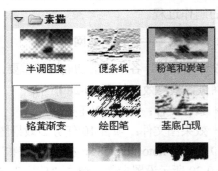

图 10-33　　　　　　　　　　　　　　　　　图 10-34

图 10-35

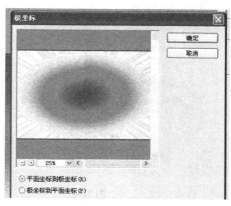

图 10-36

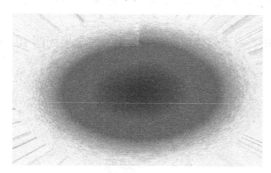

图 10-37

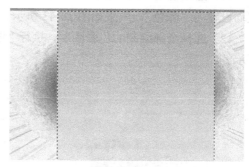

图 10-38

7）打开素材文件中的"草莓.psd"文件，使用"移动工具"，将"草莓"和"阴影"图像拖到"设计公司网页"图像中并调整位置。在"图层"面板中生成"草莓"和"阴影"图层，翻转图像后的效果如图 10-39 所示。

8）新建"图层 2"，并将前景色设置为紫色（R：121、G：88、B：246）。

9）选择"画笔工具"，并设置选项栏，如图 10-40 所示，参照图 10-41 所示在"草莓"图像左侧单击，绘制紫色图像。

10）绘制完成后，将"图层 2"图层的混合模式设置为"颜色"，如图 10-42 所示。

图 10-39

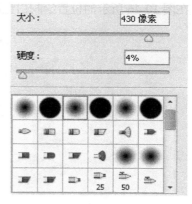

图 10-40

图 10-41　　　　　　　　　　　　　　　　　　　图 10-42

11）继续使用"画笔工具"，绘制红色、绿色、紫色和蓝色图像，并将这些图像的混合模式均设置为"颜色"，效果如图 10-43 所示。

12）选择全部绘制的色彩图层，执行"图层"→"创建剪切蒙版"命令，效果如图 10-44 所示。

图 10-43　　　　　　　　　　　　　　　　　　图 10-44

13）绘制白色图像，以提高画面的色彩亮度。新建"图层 10"，使用"画笔工具"，在"草莓"的中间位置绘制白色图像，并将该图层的混合模式设置为"叠加"，效果如图 10-45 所示。

14）在阴影图像上绘制白色图像，以增加阴影的真实感。新建图层，再次使用"画笔工具"，在图 10-46 所示的位置绘制白色图像。

图 10-45　　　　　　　　　　　　　　　　　　图 10-46

182

15）按<Ctrl+T>组合键，打开自由变换框，参照图 10-47 所示编辑图像外形。

16）将图层的混合模式设置为"叠加"。

小贴士：

在"图层"面板中，图层的混合模式列有很多的图层混合模式，通过选择不同的模式，可以编辑出不同的效果。需要注意的是，图层混合结果会随着模式的变化而变化。

17）新建图层，使用"矩形选框工具"  绘制选区，并将其填充为绿色（R：187、G：221、B：0），效果如图 10-48 所示。

图 10-47　　　　　　　　　　　　　　　　　图 10-48

小贴士：

使用"矩形选框工具" 在选择图像时，羽化值必须为 0；在定义背景图案时，需要将背景层隐藏，否则会将背景层一同定义为图案。

18）打开素材文件中的"文字.psd"文件，使用"移动工具"，将文字图像拖到"设计公司网页"图像中并调整其位置。在"图层"面板中生成"文字"图层组，最终效果如图 10-49 所示。

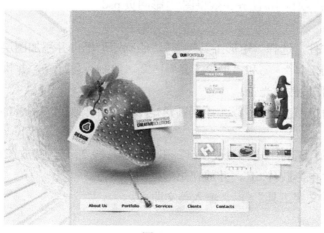

图 10-49

183

任务 3　设计电影网页

1. 任务背景

随着人们生活水平的提高，电影已经成为人们休闲娱乐的一部分，一个优秀的电影网站，不仅能很好地吸引观众，并且能方便人们的生活。本任务将设计一个电影网页。

2. 自己动手——设计电影网页

本任务中，读者可以根据操作提示，自己动手完成网页的设计，主要表现"电影网页"图片和文字的完美结合，重点在于绘制矩形框和灯光，主要应用钢笔工具、矩形工具和图层样式等，其最终效果如图 10-50 所示。

图 10-50

➢ 素材文件：项目 10/任务 3/素材

➢ 效果图文件：项目 10/任务 3/效果图/电影网页.psd

操作提示如下：

1）打开素材文件，选择"矩形工具" ▢ ，绘制矩形框，并添加图层样式效果。

2）选择"椭圆工具" ⬭ 和"钢笔工具" ✎ ，绘制百色灯光，并执行"高斯模糊"命令，模糊图像，制作发散的光芒。

3）选择"圆角矩形工具" ▢ ，绘制圆角矩形框，并添加"渐变叠加"和"外发光"等样式。

4）分别导入图片素材"电影片段 1.tif"和"电影片段 2.tif"，并放在圆角矩形选框中。

5）导入素材"电影胶片.tif"，并放在矩形框的左上方。

6）选择"横排文字工具" Ｔ ，输入英文即可。